걱정마! 임신당뇨병

운동 박사가 과학과 경험으로 알려주는
임신당뇨병 운동가이드

걱정마! 임신당뇨병

운동 박사가 과학과 경험으로 알려주는
임신당뇨병 운동가이드

1판 1쇄 인쇄 ｜ 2026년 3월 18일
1판 1쇄 발행 ｜ 2026년 3월 27일

지 은 이 정아름, 윤소미, 서용석, 김진원
발 행 인 장주연
출 판 기 획 임경수
책 임 편 집 이연성
표지디자인 김재욱
편집디자인 주은미
일 러 스 트 신윤지
발 행 처 군자출판사(주)
　　　　　등록 제4-139호(1991.6.24)
　　　　　(10881) **파주출판단지** 경기도 파주시 회동길 338(서패동 474-1)
　　　　　Tel. (031)943-1888　　Fax. (031)955-9545
　　　　　홈페이지 ｜ www.koonja.co.kr

ISBN 979-11-7068-445-9
정가 15,000원

걱정마!
임신당뇨병

운동 박사가 과학과 경험으로 알려주는
임신당뇨병 운동가이드

'운동박사'에서 하루 아침에 '임당환자'로

'쉽게 관리할 수 있을 것 같은데, 왜 환자들은 힘들어하고 어려워하는 걸까?'

임신당뇨병 환자의 운동 교육을 담당하던 저는 환자들의 어려움을 이해할 수 없었습니다. 그랬던 제가 임신을 하고, 26주에 임신당뇨병을 진단받았을 때 그동안 얼마나 오만했었는지를 깨달았죠.

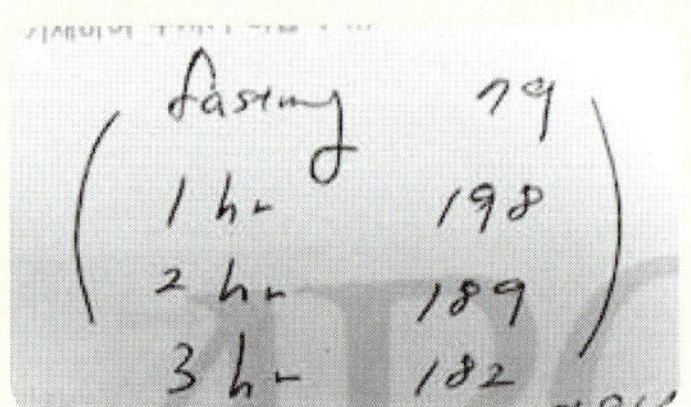

임신당뇨병을 진단받았던 실제 검사 결과

무거워진 몸으로 출근하고 매 식후 운동도 하고, 외식하면서는 식사 교환단위를 꼼꼼히 따지고 집에선 저울에 밥량을 계량해야만 했습니다. 거기에 더해 하루 7~8회 손끝에서 혈당을 측정하면서 나는 왜 다른 임신부들과 다르게 이렇게 고생해야 하나 심리적으로도 힘들었습니다. 환자들에게 임신당뇨병 관리를 위한 운동 교육을 하면서 관리 방법에 대해 잘 알고 있던 저에게도 쉽지만은 않은 시간이었습니다.

하지만 제때에 적당히 골고루 먹게 되고, 규칙적으로 운동하게 되면서 과도한 체중 증가 없이 건강한 임신 후기를 보내게 되었습니다. 뱃속 아기에게 엄마 때문에 이런 시련을 겪게 해서 미안하다는 죄책감 대신, 건강한 음식과 적절한 운동으로 아기의 건강까지 지켰다는 자부심을 갖게 되었습니다. 이뿐만 아니라 임신당뇨병 환자의 운동 요법에 대한 주제로 이학박사 학위까지 받으면서 학문적 성장까지 이룰 수 있었습니다.

다만 아직까지 아쉬운 점이 하나 있습니다. 제가 임신당뇨병을 진단받았던 10여 년 전에 비해서 임신당뇨병 유병률은 증가했지만, 여전히 임신당뇨병 환자의 운동 교육을 담당하는 운동전문가를 만나거나 올바른 정보를 얻기란 쉽지 않다는 점입니다.

임신당뇨병을 겪었던 엄마로서, 임신당뇨병 환자의 운동 교육을 담당했던 전문가로서 '임신당뇨병 환자를 위한 운동 방법'에 대해 공유하고 싶습니다. 이 책이 그때의 나와 다르지 않은 '현재의 임신당뇨병 엄마'에게 최적의 운동 지침서가 되고 든든한 지지자가 될 수 있기를 바랍니다.

임신당뇨병 환자였던 운동생리학 박사 정 아 름

| Contents |

프롤로그 iv

Chapter 1 임신당뇨병이란?

1 임신당뇨병이란? 3

1) 임신당뇨병의 정의와 특징 3

- 당뇨병 환자의 임신과 임신당뇨병의 차이 3
- 임신당뇨병의 유병률 변화 4
- 임신당뇨병의 발생 위험요인 5
- 진단기준 6

2) 임신당뇨병의 특징: 생리학적 특징 7

- 임신당뇨병 진단 시점에 나타나는 생리학적 변화 7

3) 임신당뇨병을 관리해야 하는 이유와 방법 8

- 임신당뇨병의 위험성 및 영향 8
- 임신당뇨병 환자의 자가관리 11

Chapter

2 **임신과 근골격계 변화**

1 임신과 근골격계 변화   **17**

   ⊘ 임신당뇨병과 근골격계 변화   17

1) 임신당뇨병 환자의 운동을 통한 근골격계적 이득   22

   ⊘ 임신당뇨병 환자가 운동을 해야 하는 이유?

     (근골격계적인 관점에서)   22

   ⊘ 임신당뇨병 환자의 건강한 근육과 골격 유지를 위한

     아주 간략한 일상 팁은 어떤 것이 있나요?   23

마스파스 운동법

   ⊘ 요통 예방을 위한 일상 운동   26

   ⊘ 다리 부종 예방을 위한 일상 운동   28

   ⊘ 골반 통증 예방을 위한 일상 운동   30

   ⊘ 등 통증 예방을 위한 일상 운동   32

   ⊘ 다리 쥐 예방을 위한 일상 운동   34

   ⊘ 꼬리뼈 통증 예방을 위한 일상 운동   36

   ⊘ 발목 통증 예방을 위한 일상 운동   38

Chapter

3 임신당뇨병 관리를 위한 운동 솔루션

1 임신당뇨병 관리를 위한 운동 솔루션   43

1) 임신당뇨병 환자에게 운동이 필요한 이유   43

☑ 임신당뇨병 환자에게 운동이 필요한 이유는 무엇인가요?   43

2) 운동 솔루션   44

(1) 운동, 무작정 시작하지 않기!   44

☑ 임신당뇨병 관리를 위해 지금 바로
운동을 시작하면 될까요?   44

(2) 어떤 운동을 해야 할까?   45

☑ 어떤 종류의 운동을 해야 할까요?   45

(3) 언제, 얼마나 운동해야 할까?   46

☑ 언제, 얼마나 운동해야 하나요?   46

(4) 어떤 운동강도가 적절할까?   47

☑ 어떤 수준의 강도로 운동해야 하나요?   47

Chapter

4 언제 어디서나 운동 따라하기

1 테마. 자세별 맨몸운동   **53**

Theme 1 누워서 하는 침대 운동   53

Theme 1 앉아서 하는 의자 운동   61

Theme 1 서서하는 벽 운동   69

2 테마. 유산소 운동   **77**

Theme 2 강도가 낮은 전신 유산소 운동   77

Theme 2 강도가 중간인 전신 유산소 운동   85

3 테마. 저항 운동   **93**

Theme 3 맨몸으로 하는 근력 운동   93

Theme 3 물통으로 하는 근력 운동   101

4 테마. 도구 운동   **109**

Theme 4 수건을 활용한 스트레칭 + 저항 운동   109

Theme 4 폼롤러를 활용한 스트레칭 + 기능 운동   117

Chapter 5 알아두면 쓸모 있는 정보

1 알아두면 쓸모 있는 정보 127

　1) 운동! 이럴 땐 무조건 멈추세요. 127

　2) 반드시 알아두세요! 128

　3) 혈당/운동 관리를 위한 디지털헬스케어 134

2 출산 후 나는 어떻게 해야 하나요? 137

　에필로그 140

Chapter
1

임신당뇨병이란?

걱정마! 임신당뇨병

임신당뇨병이란?

🖋 서용석

1) 임신당뇨병의 정의와 특징

✅ 당뇨병 환자의 임신과 임신당뇨병의 차이

당뇨병 환자가 임신한 경우와 임신 중에 발생하는 임신당뇨병은 어떤 차이점이 있나요?

당뇨병 환자가 임신하는 경우와 임신당뇨병은 '당뇨병'과 '임신'이란 공통분모가 있어 보이지만 본질적으로 많은 차이가 있습니다. '당뇨병 환자의 임신'은 이미 1형 당뇨병 혹은 2형 당뇨병을 앓고 있는 여성이 임신하는 경우를 의미하며, 임신 이전부터 당뇨병 관리가 필요하고 임신 중에도 지속적인 관리가 필요합니다.

반면에 임신당뇨병은 임신 24~28주 사이에 처음 진단되는 혈당 조절 장애로 임신으로 인한 호르몬 변화로 혈당 조절이 어려워지는 것이 특징입니다. 임신당뇨병은 출산 후 대부분 정상으로 회복되지만, 장기적으로 당뇨병 발병 위험이 증가할 수 있으므로 출산 후에도 정기적인 검사와 적극적인 건강관리가 필요합니다.

임신당뇨병의 유병률은 어떻게 변화해 왔나요?

질병관리청 국가정보포털에 따르면 임신당뇨병의 유병률은 연령이 증가할수록 높아지는 경향을 보입니다.

2011~2015년 통계에 따르면 40세 이상 임신부의 임신당뇨병 유병률은 22.5%로 추산되었으며, 30대뿐만 아니라 20대의 비교적 젊은 여성에서도 유병률이 지속적으로 증가하고 있습니다.

또한, 혈당 조절 상태에 따라 주산기(분만 전후의 시기) 사망률에도 큰 차이가 있습니다. 정상 임신부의 주산기 사망률은 1.5%인 반면, 혈당이 잘 조절되지 않은 임신부의 주산기 사망률은 6.4%에 달하는 것으로 보고되었습니다.

임신당뇨병을 경험한 여성은 다음 임신 시 재발 위험이 약 50%로 추산되며, 출산 후에도 2형 당뇨병으로 진행할 위험이 높습니다. 출산 후 5년 이내에 약 35%, 20년 이내에는 50% 정도가 2형 당뇨병으로 발전할 가능성이 있는 것으로 나타났습니다.

뿐만 아니라, 임신당뇨병을 겪은 산모에게서 태어난 신생아는 성장 후 소아청소년기나 성인기에 비만 또는 2형 당뇨병이 발생할 위험이 증가하는 것으로 알려져 있습니다. 따라서, 임신당뇨병을 예방하고 적절히 관리하는 것이 산모와 태아의 장기적인 건강을 위해 매우 중요합니다.

✓ 임신당뇨병의 발생 위험요인

임신당뇨병에 영향을 미치는 위험 요인은 무엇인가요?

임신당뇨병 발병에 영향을 미치는 위험 요인들은 다음과 같습니다. 이러한 요인들은 개별적으로 또는 복합적으로 작용하여 임신당뇨병 발병 위험을 증가시킬 수 있습니다. 따라서 아래와 같은 요인을 가진 여성은 임신 전후로 적극적인 건강 관리와 정기적인 혈당 검사가 필요합니다.

- 고령 산모(35세 이상)
- 다태아 임신(쌍둥이 이상)
- 임신 전 비만(체질량지수 25 이상)
- 임신 중 고혈압 또는 임신중독증
- 거대아 출산 경험(출생 체중 4 kg 이상)
- 다낭성난소증후군(Polycystic Ovary Syndrome, PCOS)
- 포화지방이 많은 식습관 및 건강하지 않은 식단
- 다자녀 출산 경험
- 2형 당뇨병의 가족력
- 당뇨병 전단계 병력(내당능장애 또는 공복혈당장애)
- 이전 임신에서 임신당뇨병을 진단받은 경험

임신당뇨병은 어떤 기준으로 어떻게 진단하나요?

임신 초기에 임신 여부를 진단받기 위해 병원에 처음으로 방문하면, 모든 임신부는 혈액 검사를 통해 임신 이전에 당뇨병이 있었는지 확인합니다. 초기 검사에서 정상이라도, 임신 24~28주 사이에 임신당뇨병 여부를 확인하기 위한 스크리닝 검사를 시행합니다. 대한당뇨병학회(2025)에서 제시하는 진단을 위한 2단계 접근법은 다음과 같습니다.

1단계: 50 g 포도당 부하 검사(Screening Test)

- 방법: 50 g 포도당 용액을 마신 후 1시간 후 혈당 측정
- 기준: 혈당이 ≥140 mg/dL이면, 임신당뇨병의 위험성이 높다고 판단하고 정밀 검사를 진행

2단계: 100 g 경구 포도당 부하 검사(OGTT, Oral Glucose Tolerance Test)

- 방법
    1. 공복 상태에서 첫 번째 혈액 검사
    2. 100 g 포도당 용액 섭취 후 1시간, 2시간, 3시간째 혈당 측정
- 진단 기준

    4번의 혈액 검사 중 다음 기준 중 2개 이상 충족 시 임신당뇨병으로 진단

검사 시점	혈당 기준(mg/dL)
공복 혈장 포도당	≥95 mg/dL
포도당부하 후 1시간	≥180 mg/dL
포도당부하 후 2시간	≥155 mg/dL
포도당부하 후 3시간	≥140 mg/dL

2) 임신당뇨병의 특징: 생리학적 특징

> ☑ **임신당뇨병 진단 시점에 나타나는 생리학적 변화**
>
> 임신당뇨병을 진단 받는 시점에 나타나는 '당 대사' 변화는
> 무엇인가요?

임신 주수가 늘어날수록 자궁, 유방, 태반이 커지고 양수와 혈액의 양이 늘어나며, 여기에 태아의 몸무게까지 더해지기 때문에 엄마의 체중은 점차 증가합니다. 태아가 성장할수록 엄마의 몸도 더 많은 에너지와 영양소를 필요로 합니다. 이때 엄마의 몸에서는 '인슐린 저항성'이 높아집니다. 인슐린은 혈액 속 포도당(혈당)을 에너지원으로 사용할 수 있게 도와주는데, 임신 중에는 여러 가지 호르몬의 영향으로 인슐린이 제 역할을 하지 못하게 됩니다. 이것을 '인슐린 저항성이 높아졌다'라고 표현합니다. 즉, 당의 대사에 문제가 발생했다고 판단합니다.

3) 임신당뇨병을 관리해야 하는 이유와 방법

임신당뇨병이 임산부와 태아에게 어떤 영향을 미치나요?

임신당뇨병이 제대로 관리되지 않으면 임신부와 태아 모두에게 부정적인 영향을 미칠 수 있습니다.

고혈당은 산모와 태아의 주산기 합병증 및 임신부의 만성 합병증 발생 위험을 증가시킬 뿐만 아니라, 출생아의 비만, 고혈압 및 제2형 당뇨병 발생 위험과도 관련이 있습니다.

이로 인해 태아는 과도한 성장으로 거대아가 될 수 있으며, 그 결과 분만 과정에서 여러 가지 어려움이 발생할 수 있습니다. 또한 임신부는 출산 후 제2형 당뇨병이 발병할 위험이 크게 증가합니다.

임신부에게 생길 수 있는 문제

① 임신 중 합병증 위험 증가

- 임신중독증(전자간증, Preeclampsia): 고혈압과 단백뇨 발생
- 양수 과다증(Polyhydramnios): 태아를 둘러싼 양수의 양이 비정상적으로 증가하여 조산 위험 증가
- 요로 감염(UTI)과 진균 감염(칸디다증) 증가: 높은 혈당이 세균과 곰팡이 증식 촉진

② 분만 시 어려움 증가

- 거대아 출산(태아 체중 4 kg 이상): 태아가 과도하게 성장하여 자연분만이 어려워짐
- 제왕절개(C-section) 가능성 증가: 거대아 또는 분만 중 합병증으로 인해 제왕절개가 필요할 수 있음

- 난산(Dystocia, 분만 장애): 태아의 크기가 커져 산도를 통과하기 어려워지는 상태로, 어깨 난산(Shoulder dystocia)의 위험 증가

③ 조산 및 유산 위험 증가
- 고혈당이 조기 진통을 유발할 수 있으며, 조산아는 호흡곤란증후군(RDS)과 같은 합병증 위험 증가
- 심한 임신성 당뇨병이 있는 경우, 태아 사망 가능성 증가

④ 출산 후 당뇨병 위험 증가
- 출산 후에도 혈당이 정상으로 돌아오지 않을 가능성 증가
- 2형 당뇨병(T2DM)으로 발전할 위험 증가(출산 후 10년 이내에 약 50%가 2형 당뇨병으로 발전)
- 심혈관 질환(CVD) 위험 증가: 임신성 당뇨병을 겪은 여성은 이후 심혈관 질환 위험이 높아질 수 있음

신생아에게 생길 수 있는 문제

① 거대아(Macrosomia, 태아 과체중)
- 출생 체중 4 kg 이상(거대아)로 태어날 가능성 증가
- 태아는 산모의 고혈당에 반응하여 인슐린을 과도하게 분비하게 되며, 이로 인해 지방 축적이 많아져 체중이 증가

② 조산 및 호흡곤란증후군(Respiratory Distress Syndrome, RDS)
- 산모의 혈당 조절이 잘 되지 않으면 조기 진통 위험 증가
- 조산으로 태어난 아기는 폐 성숙이 덜 되어 호흡곤란증후군(RDS) 위험 증가
- 출생 후 폐 표면활성제 부족으로 인해 스스로 호흡하는 것이 어려울 수 있음

③ 저혈당(Neonatal Hypoglycemia, 출생 후 저혈당)

- 출생 후에는 산모의 혈당 공급이 중단되지만, 태아는 여전히 높은 인슐린 수치를 유지
- 이로 인해 출생 직후 저혈당(혈당이 40 mg/dL 이하로 떨어짐) 발생 가능성 증가
- 심한 경우 경련, 무기력증, 뇌 손상 위험 증가

④ 황달(Neonatal Jaundice) 발생 가능성 증가

- 태아는 산모의 고혈당 상태에서 산소를 더 많이 요구하게 되어 적혈구를 과다 생성
- 적혈구가 과다 생성되어 파괴되면서 빌리루빈이 증가하기 때문에 출생 후 신생아 황달(고빌리루빈혈증) 위험이 높아짐

⑤ 신경 발달 문제

- 임신당뇨병이 있는 산모에게서 태어난 아이들은 인지 발달 지연 또는 주의력 결핍·과잉행동장애(ADHD) 발생 위험이 다소 증가할 수 있음

✅ 임신당뇨병 환자의 자가관리

임신당뇨병을 관리하기 위해 임신부는 스스로 어떻게 관리해야 할까요?

태아의 정상적인 성장을 위해 임신부는 체중을 과도하게 제한하지 말아야 하며, 적절한 체중 증가가 필요합니다. 이때 임신 기간 동안의 총 체중 증가량뿐만 아니라 체중 증가 속도 또한 중요합니다.

- **체중 증가 목표**: 임신 중후반기에 일주일에 약 0.5 kg (0.3~0.7 kg)
- **과체중 정의**: 표준 체중보다 20% 이상 더 나가는 경우
- **과도한 체중 증가**: 혈당이 높아질 수 있으므로 주의
- **과체중 감소 위험**: 조산과 태아 성장 문제를 초래할 수 있으므로 의사와 상담 필수

목표 혈당은 잘 유지되면서 태아가 정상적으로 발달할 수 있도록 제때에, 골고루, 적당히 먹는 식사 관리가 필요합니다.

- **목표**: 혈당 상승 완화, 태아 정상 발육, 저혈당 예방, 산과적 합병증 예방, 적절한 체중 증가, 지질대사 정상화
- **식사 계획**: 하루 3끼 식사와 2~3번의 간식, 규칙적인 식사 간격
- **취침 전 간식**: 케톤증 예방을 위해 필요
- **식사일지 작성**: 혈당 변화를 이해하는 데 도움이 되므로 꾸준히 기록
- **탄수화물, 단백질, 지방 섭취 비율**: 의사 및 임상영양사와의 상담을 통해 개별화

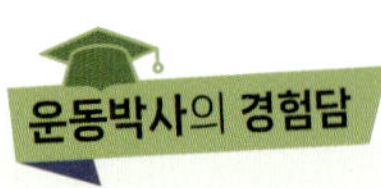

- ☑ 임신당뇨병을 진단받으면, 일반적으로 임상영양사와의 상담을 통해 개별화된 열량 처방과 식사 교육을 받게 됩니다.
- ☑ 제가 임신당뇨병을 진단받았을 때에는 1,800 kcal의 식사를 처방받았습니다. 생각보다 충분한 양의 다양한 음식을 먹을 수 있어서 행복했습니다.
- ☑ 제가 먹었던 1,800 kcal의 식사 예시는 다음과 같습니다. 단, 예시는 참고용일 뿐, 임신당뇨병을 진단받았다면 반드시 전문가에게 개별화된 식사 처방을 꼭 받으세요!

구분	아침	점심	저녁	간식
곡류군	귀리밥 140 g	보리밥 140 g	현미밥 140 g	–
어육류군	달걀 후라이 1개 두부구이 80 g	닭가슴살구이 80 g 계란찜 55 g	소고기구이 80 g 두부조림 40 g	–
채소군	시금치국 1인분 배추김치 50 g 콩나물무침 70 g	샐러드 1접시 오이무침 35 g 백김치 50 g	버섯된장국 1인분 깍두기 50 g 가지나물 35 g	–
지방군	포도씨유 10 g	식용유 5 g 올리브유 5 g	식용유 5 g 올리브유 5 g	–
과일군	–	–	–	사과 1/3개
우유군	–	–	–	저지방 우유 200 ml 1팩 그릭 요거트 80 g

임신당뇨병의 혈당 관리 기준은 무엇인가요?

임신당뇨병은 진단 기준과 관리 기준에서 적용되는 혈당 수치가 서로 다릅니다. 따라서 관리 기준을 정확히 숙지하고, 이를 목표 혈당으로 설정하여 생활 습관을 관리할 필요가 있습니다.

아래는 우리가 직접 측정하는 자가혈당 측정 시 적용하는 관리 기준입니다.

대한당뇨병학회(2025)에서 권고하는 임신당뇨병 환자의 혈당 관리 기준은 다음과 같습니다.

- 공복<95 mg/dL
- 식후 1시간 후<140 mg/dL
- 식후 2시간 후<120 mg/dL

Chapter

2

임신과
근골격계 변화

임신과 근골격계 변화

🖋 김진원

✅ 임신당뇨병과 근골격계 변화

임신당뇨병 자체가 근골격계 질환이나 통증에 영향을 미치나요?

임신당뇨병이 발생할 수 있는 시기인 임신 24주차, 즉 6개월의 임신 기간이 도래하면서 임신부의 신체는 급격한 변화가 일어납니다. 이로 인해 일상생활에서의 움직임이 제한되고, 원인을 알기 어려운 통증이 발생하며, 경우에 따라 근골격계 질환으로 진단받기도 합니다.

태아가 커감에 따라 자세가 달라지고 근골격계의 변화도 더욱 심화됩니다. 이러한 변화는 임신부에게 있어서 출산 전에는 불편감을 느끼게 하고, 출산 후에는 회복을 더디게 하며, 나아가 평생 꼬리표처럼 통증을 달고 살게 되기도 합니다.

임신당뇨병은 내과적인 문제이기 때문에 그 자체가 근골격계질환이나 통증에 영향을 주지는 않습니다. 다만 임신으로 인해 신체의 급격한 변화를 미리 대처하지 못한다면 통증이 발생하여 규칙적으로 운동하는 데 어려움을 겪을 수도 있습니다.

임신 과정에서 나타날 수 있는 신체 변화에 대해 살펴보겠습니다.

임신당뇨병이 발생할 수 있는 시기에 임신부의 몸은 어떤 변화가 나타나나요?

다음은 임신 6개월 전후에 발생하는 몸의 변화입니다.

- 거북목 자세(전방 머리 자세; 몸보다 머리가 앞에 놓이는 자세)
- 앞으로 말려버린 어깨(라운드 숄더)
- 상체가 뒤로 젖혀지는 경향 발생
- 뻣뻣한 뒷목과 두통
- 흉추의 과도한 신전 자세(등이 뒤로 젖혀지는 자세)
- 허리의 심한 전만증(허리 라인이 더욱 깊어지는 자세)
- 심해진 골반의 전방 경사와 내밀어진 골반
- 굳어지는 고관절과 짧아지는 주위 근육

  (특히 고관절 굴곡근과 햄스트링 근육)
- 과신전된 무릎(무릎관절이 뒤쪽으로 빠지는 자세)
- 평발로의 변화와 족저근막염 통증
- 더욱 넓어지는 팔자 걸음 자세
- 뒤꿈치 통증과 종아리 근육 통증

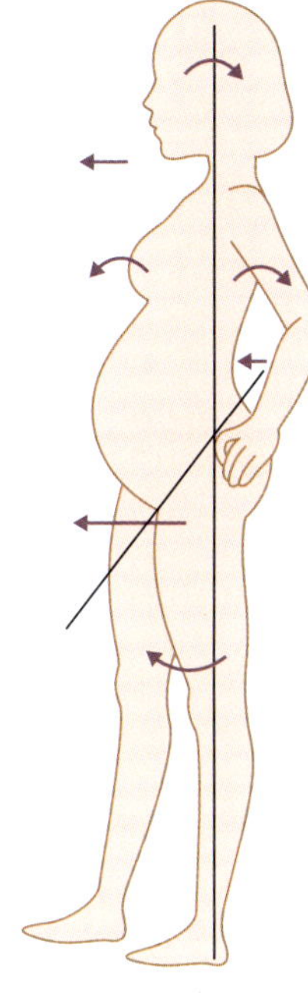

그림 2-1. **임신부에게 나타나는 자세 변화와 통증**

이러한 변화가 나타나는 신체부위는 머리와 목, 어깨, 등, 허리, 골반, 무릎, 발과 발목 등입니다.

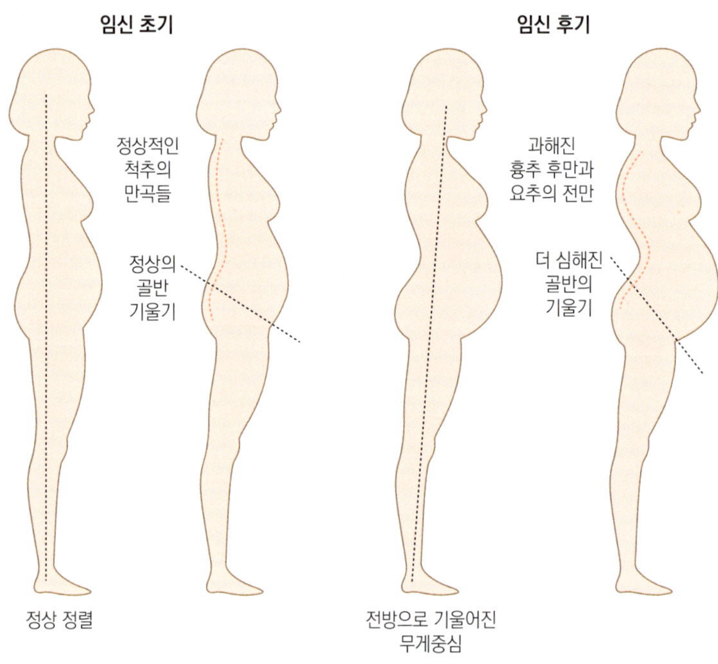

그림 2-2. 임신 중 달라지는 척추와 골반의 자세

임신은 어떠한 자세 변화를 일으키나요?

다음은 임신으로 인한 자세 변화입니다.

- 무게중심이 앞으로 이동
- 머리와 어깨가 뒤로 젖혀진 상태로 서거나 걷게 됨
- 복부 근육의 늘어남과 복직근의 이개(분리)로 인해 허리와 골반의 파워가 떨어져 척추를 지지하는 힘을 잃게 됨
- 경추와 요추에서는 전만증(앞으로 꺾이는 만곡)이 증가
- 흉추에서는 후만증(척추가 굽는)이 나타남
- 골반의 기울기 증가하여 허리 부위는 앞과 아래 방향으로 더 꺾이게 됨

1) 임신당뇨병 환자의 운동을 통한 근골격계적 이득

임신부는 임신 20주차 이후, 급격한 태아 성장으로 인해 심한 근골격계 문제와 직면하게 됩니다. 특히 다리 저림과 부종 그리고 허리, 엉덩이, 골반 및 사타구니에서 나타나는 통증 등 성장하는 자궁의 크기를 수용하기 위하여 엄마의 몸에는 여러 통증이 나타나게 됩니다.

24주차 이후에는 배가 더 불러오면서 배꼽이 밖으로 돌출되기도 하며, 요통은 더욱 심해지고 다리의 부종, 골반통, 변비, 튼살, 수면장애 등이 동반됩니다. 특히 허리와 골반에서의 근골격계 문제가 심화될 수 있습니다.

이 시기의 관리가 소홀해진다면 근골격계 통증뿐만 아니라, 늘고 있는 체중을 조절하기 어려워져 여러 내과적 질환을 일으키기도 합니다. 즉, 합병증이 하나둘씩 늘어나 몸을 괴롭히게 됩니다.

먼저 자신의 몸 상태를 자주 인식하고, 자세를 틈틈이 바꿔 주며, 일상생활에서 올바르게 근육을 사용하려는 노력이 필요합니다. 이를 위해 생활 속에서 가볍게 실천할 수 있는 근력운동을 실천하는 것이 필요합니다.

그림 2-3을 보고 세 가지를 일상생활 안에서 규칙적으로 따라해 보세요.

- 첫 번째, 틈틈이 힘을 주어 아랫배(복근)를 배꼽쪽으로 당겨 올려주세요.
- 두 번째, 의식적으로 괄약근을 조여주세요(욕실문 손잡이를 잡을 때마다 괄약근 윙크!).
- 세 번째, 가슴은 수시로 자주 열어주세요.

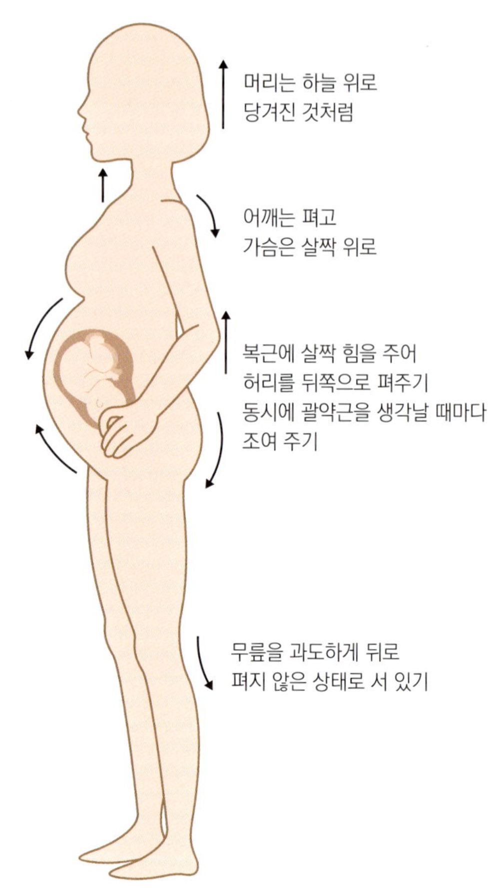

그림 2-3. **임신부에게 추천하는 일상 속 작은 움직임**

마
스
파
스
집필진 김진원 / 윤소미

 **마사지**

등 & 종아리(넙치근)

흉추와 종아리 마사지를 통한 허리의 긴장도 이완

흉추: 흉추의 여러 부위를 마사지(이때, 허리 부위는 금기)
종아리: 종아리 부위에 폼롤러나 마사지볼을 이용한 마찰(비비는) 마사지 시행

  **스트레칭**

뒷허벅지 근육(햄스트링) & 종아리

뒷허벅지(햄스트링)와 종아리 스트레칭을 통한 허리의 유연성과 가동성 회복

수건을 당길 때, 복부에 무리되지 않을 정도의 강도로 시행
복부 통증에 유의하며 진행

배꼽 당겨 코어운동

치료적으로 유명한 운동. 코어 강화를 통한 허리 통증 경감

자신이 힘을 줄 수 있는 강도의 60~70%만 사용

고양이 운동

척추 전체의 유연성 증진과 허리 주변의 관절 인식력 증가

고관절과 어깨 부위는 고정된 상태에서 천천히 호흡과 함께 시행
복부 통증 주의

발바닥 & 종아리

전신 순환에 중요한 종아리와 발바닥 마사지 시행
말초에 몰려있는 혈액을 재순환

무리하지 않도록 주의
과도한 마사지는 오히려 순환을 방해할 수 있음. 가볍게 시행

고관절, 사타구니(서혜부)

림프순환의 주요 관문인 사타구니(서혜부)의 순환 증진 스트레칭

허리를 곧게 펴기, 턱을 가볍게 당겨 바른 자세 유지
요통 발생 주의

발목 펌프 운동

가벼운 근육활동을 통한 전신 순환 향상

발목을 내리는 동작 시 경련(쥐)이 나지 않도록 주의

고관절 임파선(림프절) 스트레칭

사타구니(서혜부)의 능동적 이완을 통해 신체 인식력 강화 & 순환증진

허리가 꺾이지 않도록 주의
복부의 긴장성을 가볍게 인식하며 허리의 중립 유지

엉치뼈(천골) 주위 & 뒷허벅지근육(햄스트링)

골반의 압박력을 완화하는 이완 마사지. 골반통 경감

강한 통증 발생하지 않도록 주의. 복부 뭉침 주의

엉덩이근육(이상근) 스트레칭

방사통(내려가는 통증)이나 좌골 신경통 등, 골반 주위의 통증 경감

허리는 항상 곧게 펴기. 복부 통증 주의

고관절 안쪽 허벅지근육(내전 근육군) 강화

고관절 & 골반 주위 근육 활성화. 골반 안정성 향상

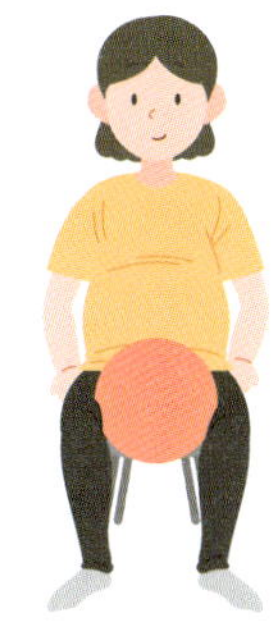

강도는 서서히, 움직임은 천천히

고관절 돌림근육(고관절 회전 근육군) 스트레칭

고관절 돌림근육(회전근육)을 이완. 피로감, 통증 경감

움직임은 천천히. 과도한 움직임 주의

앉아서 등 마사지(폼롤러 이용)

흉추 근육 이완. 척추신전활동으로 올바른 자세에 기여

등의 여러 부위에 적용 추천, 허리 부위 적용 금기

큰가슴근육(대흉근) 스트레칭

가슴근 유연성 확보. 둥근 등 예방. 팔과 손 저림 예방

중간 등근육(중부 승모근, 능형근) 강화

등 근력의 향상을 통해 흉추부 안정화와 척추의 뻣뻣함 해소

등근육 강화 추천 운동. 배를 내밀지 않도록 주의

넓은등근육(광배근) 스트레칭

자칫 단축하기 쉬운 넓은 등근육의 이완. 상체 기능부전 예방

위쪽에 고정한 손을 잡아 당기며 기울어진 쪽 무릎을 굽혀 광배근을 스트레칭
(정확한 자세 필요)

마사지

종아리(넙치근) & 발가락 깍지 마사지

말초 근육 이완. 말초 순환 증진

강한 통증 발생시키지 않기. 안전한 자세에서 동작 시행

스트레칭

종아리 근육(하퇴 삼두근)

넙치근의 유연성 확보와 이완을 통한 하체 순환 증진

10초 이상 시행 추천

뒤꿈치 들기 & 발가락 들기

하체의 능동적 움직임을 통해 혈액순환능력 향상

종아리 경련(쥐) 주의. 균형 집중 및 낙상 주의

뒷허벅지근육(햄스트링) & 고관절 허벅지 안쪽근육(고관절 내전근)

하체 순환의 길목인 사타구니 라인 스트레칭. 혈액 & 림프 순환 증진

허리 곧게 펴기. 과도한 스트레칭 금지. 조금씩, 천천히, 반동 없이!

마사지

괄약근(회음부) 및 골반바닥근육 & 뒷허벅지근육(햄스트링)

골반바닥근육을 자극 & 이완. 골반순환 및 골반압박력 해소

회음부 이완 동작 시, 괄약근 수축과 이완을 번갈아 시행
과한 통증 발생 않도록 주의!

스트레칭

뒷허벅지근육(햄스트링)

고관절 주변 근육 이완. 고관절 움직임 향상
허리 & 골반 및 꼬리뼈의 당김 증상 해소

허리를 굽히며 스트레칭하지 않도록 주의!

벽 스쿼트

능동적인 골반바닥근육 안정성 증진. 둔부 근력 강화

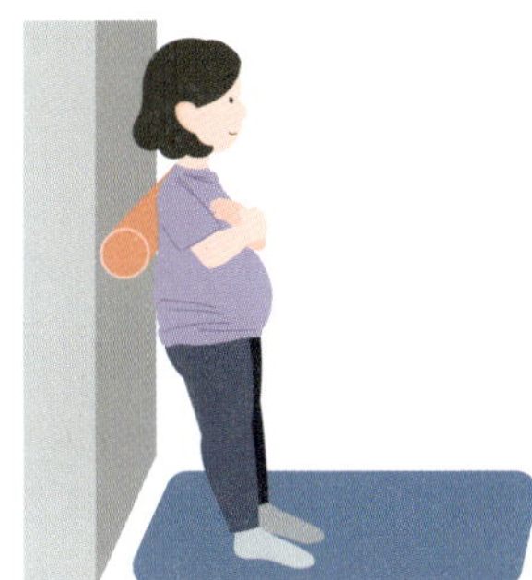

항상 호흡과 함께 시행. 무릎 통증 주의
(무릎이 아픈 사람은 통증 발생 직전 범위로만 동작)

큰엉덩이근육(대둔근) 스트레칭

골반주위근육 이완을 통해 꼬리뼈 당김 현상 감소

복부 압력 증가 주의!

마사지

안쪽 종아리근육(넙치근) & 앞 정강이 근육

발목 안정성에 중요한 넙치근 마사지를 통한 발목관절 유연성 증진 및 인식력 증가
발목 통증 예방 & 감소

서서히, 천천히. 강한 통증 주의

스트레칭

아킬레스 건 & 종아리(하퇴 삼두군) 스트레칭

임신과정 중 단축되고 뭉치는 종아리 & 아킬레스 근육 이완
발목과 종아리 피로도 감소

허리가 꺾이지 않도록 주의(과도한 요추전만 주의)
정확한 자세와 동작 시행 필요

뒤꿈치 들기 운동(힐 라이즈)

파워운동

발목의 강화를 돕고, 상해를 예방. 습관화 필요

종아리와 발바닥 경련(쥐) 주의! 균형 집중 및 낙상주의

뒷허벅지근육(햄스트링) & 안쪽 허벅지근육(내전근)

스트레칭

인접한 햄스트링과 내전 근육 이완을 통한 발목의 긴장성 완화

허리 곧게 펴기. 과도한 스트레칭 금지. 조금씩, 천천히, 반동 없이

Chapter

3

임신당뇨병 관리를
위한 운동 솔루션

걱정마! 임신당뇨병

1

임신당뇨병 관리를 위한 운동 솔루션

정아름

1) 임신당뇨병 환자에게 운동이 필요한 이유

☑ 임신당뇨병 환자에게 운동이 필요한 이유는 무엇인가요?

임신당뇨병 환자에게 운동이 중요한 이유가 있습니다.

첫째, 운동은 혈당을 조절하는 데에 큰 역할을 합니다. 임신 중에는 엄마의 호르몬 수준이 변화하면서 혈당 조절이 어려워질 수 있어요. 하지만 운동은 근육이 혈당을 효과적으로 사용하도록 인슐린 민감성을 높입니다.

둘째, 운동은 체중을 관리하는 데에 도움이 됩니다. 임신 중에 적절한 체중을 유지하는 것은 건강한 임신과 출산을 위해 중요해요. 운동은 칼로리 소모를 도와 급격한 체중 증가를 예방합니다.

셋째, 운동은 심장과 폐 건강을 증진합니다. 적절한 운동은 심혈관 기능과 체력 향상에 도움이 됩니다.

2) 운동 솔루션

(1) 운동, 무작정 시작하지 않기!

임신당뇨병 관리에 있어서 운동 요법이 도움된다는 사실을 알고 나니, 오늘 당장 지금부터 운동해야겠다는 생각이 드셨죠?

하지만 우리는 혈당 조절뿐만 아니라 나와 아이를 건강하게 지켜 내야 하기 때문에 내가 운동을 해도 되는 건강상태인지 반드시 먼저 확인해야 합니다.

다음과 같은 건강상태의 임신부라면 운동하지 않아야 합니다.

- 양수막파열
- 조기 분만 위험
- 원인이 명확하지 않은 지속적 질 출혈
- 임신 28주 이후의 전치태반
- 전자간증
- 자궁경부 무력증
- 자궁 내 태아 성장 제한
- 다태임신(ex. 세쌍둥이)
- 조절되지 않는 1형 당뇨병, 고혈압, 갑상선질환
- 기타 심각한 심혈관계, 호흡계 질환

나의 건강상태를 가장 잘 알고 있는 사람은 산부인과 의사와 내분비내과 의사입니다. 의사로부터 운동 권고를 받은 이후에 안전하게 운동을 시작하세요.

(2) 어떤 운동을 해야 할까?

일반적으로 혈당 관리를 위해서는 유산소 운동과 저항 운동(근력 운동)을 병행하는 것이 좋습니다.

유산소 운동은 걷기, 수영, 아쿠아로빅 등이 대표적입니다. 유산소 운동은 혈당과 체중을 모두 관리하는 데 적합한 운동 유형입니다. 특히 걷기 운동은 특별한 운동 기술이나 도구가 필요 없고 어디서든 실천할 수 있습니다.

임신부가 무슨 근력 운동이 필요할까? 라고 생각할 수 있지만 가벼운 도구(덤벨, 탄력 밴드 등)나 자신의 체중을 이용하는 낮은 부하의 저항 운동은 근육량 유지 및 근력 향상에 도움됩니다.

스트레칭은 틈틈이 쉽게 실천할 수 있는 운동이지만, 혈당 관리를 위해 하는 운동이라면 적합하지 않습니다. 혈당 관리 효과가 무척 적기 때문입니다. 그래서 유산소 운동이나 저항 운동 없이 스트레칭만 하는 것은 권고하지 않습니다. 스트레칭은 준비운동과 정리운동으로 실천하기를 추천합니다.

- 고온 다습한 환경에서의 운동
- 수온이 32℃를 넘는 수중 운동
- 낙상의 위험이 있는 운동(ex. 승마, 수상 스키 등)
- 기압/수압의 변화가 있거나 고도 2,500 m 이상에서의 운동
  (ex. 스카이 다이빙, 스쿠버 다이빙 등)
- 신체적 접촉이 심한 경쟁성 스포츠
- 갑자기 신체의 방향을 바꾸는 운동(ex. 라켓 운동)
- 임신 초기 이후 등을 대고 누워서 하는 운동

(3) 언제, 얼마나 운동해야 할까?

대한당뇨병학회에서는 혈당 관리를 위해 유산소 운동을 일주일에 최소 150분 이상 권고합니다. 또한 효과적인 혈당 관리를 위해 한 번에 몰아서 운동하기보다는 일주일 중 2~7일에 나누어 운동할 것을 강조하며, 사실상 거의 매일 운동하는 것이 권장됩니다.

그렇다면 하루 기준으로는 얼마나 운동해야 할까요? 미국당뇨병학회에서는 하루 기준 20~50분의 운동을 권고합니다. 식후 목표 혈당 유지를 위해서는 매 식후 약 30분경에 10~15분간 운동하는 것이 이상적입니다. 예를 들어 점심 식사를 12시에 시작했다면, 운동은 12시 30분경에 시작하면 됩니다.

또한 미국산부인과학회에서는 1회 45분을 초과하는 장시간 운동이 저혈당을 유발할 수 있어 주의를 요구하고 있습니다. 한 번에 장시간 운동을 하기보다는 적정량의 운동을 일주일 내내 나누어 실시하는 것이 가장 바람직한 방법입니다.

(4) 어떤 운동강도가 적절할까?

> ☑ **어떤 수준의 강도로 운동해야 하나요?**

미국산부인과학회에서는 고강도의 운동은 저혈당을 유발할 수 있어서 권고하지 않습니다. 혈당 조절을 위한 이상적인 운동강도는 '중강도'입니다. 그렇다면 중강도의 기준은 무엇이고, 내가 하는 운동이 중강도인지 어떻게 판단할 수 있을까요?

① 심박수 측정

스마트 워치를 활용하면 언제든지 자신의 심박수를 측정할 수 있습니다. 현재 중강도 수준으로 운동하고 있는지 수시로 심박수를 확인하며 모니터링해 보세요.

임신부의 연령	중강도 수준의 심박수 범위
< 29세	125~146회
≥ 30세	121~141회

② 자각인지도(rating of perceived exertion, RPE)

미국산부인과학회에서는 심박수보다 임신부가 스스로 느끼는 자각인지도(RPE)를 통해 운동 강도를 모니터링하는 것이 더 적합한 수단일 수 있다고 제언하기도 했습니다.

자각인지도는 임신부가 스스로 느끼는 운동강도를 숫자로 표현하는 방식입니다. 중강도의 운동강도는 RPE를 기준으로 13~14(약간 힘든 수준) 정도입니다.

<table>
<tr><th colspan="2">내가 느끼는 운동강도</th></tr>
<tr><td>6</td><td></td></tr>
<tr><td>7</td><td>매우 매우 가볍다</td></tr>
<tr><td>8</td><td></td></tr>
<tr><td>9</td><td>매우 가볍다</td></tr>
<tr><td>10</td><td></td></tr>
<tr><td>11</td><td>약간 가볍다</td></tr>
<tr><td>12</td><td></td></tr>
<tr><td>13</td><td>약간 힘들다</td></tr>
<tr><td>14</td><td></td></tr>
<tr><td>15</td><td>힘들다</td></tr>
<tr><td>16</td><td></td></tr>
<tr><td>17</td><td>매우 힘들다</td></tr>
<tr><td>18</td><td></td></tr>
<tr><td>19</td><td>매우 매우 힘들다</td></tr>
<tr><td>20</td><td></td></tr>
</table>

③ 토크 테스트(talk test)

'운동 중 약간 숨이 차고 힘들지만 옆 사람과 대화가 가능한 수준인가?'를 기준으로 운동강도를 가늠해 볼 수 있습니다. 숨이 차지 않으면 운동강도가 낮다고 생각할 수 있고, 옆 사람과 대화가 불가능한 수준이라면 고강도로 판단할 수 있습니다.

중강도의 운동이 권고된다고 하는데 저강도의 운동은 효과가 없는 걸까요?

저강도의 운동은 중강도의 운동보다는 혈당 조절 효과가 적습니다. 그러나 운동을 처음하는 사람이거나 체력이 낮은 사람이라면 저강도 운동을 실천하는 것이 바람직합니다. 운동을 안하는 것보다는 낮은 강도의 운동이라도 꾸준히 하는 것이 혈당 관리 및 체력 관리에 당연히 도움됩니다.

Chapter

4

언제 어디서나
운동 따라하기

동작 영상은
아래 URL에서도 확인하실 수 있습니다.
 www.youtube.com/@someshealth1

걱정마! 임신당뇨병

1

테마. 자세별 맨몸운동

윤소미

처음에 2세트부터 시작해서 동작이 익숙해지면 3세트로 늘려보세요.

누워서 하는 침대 운동

Theme 1
(자세별 맨몸운동)

누워서 하는
침대 운동

① 옆으로 누워 몸통 회전하기

② 옆으로 누워 어깨 회전하기

③ 옆으로 누워 골반 회전하기

④ 옆으로 누워 허벅지 늘리기

⑤ X 자 스트레칭

⑥ 엎드려 상체 늘리기

침대에 누워서 자기 전에, 일어나서 할 수 있는 운동

| 자세별 맨몸운동 |

운동강도 0 1 2 3 4 5 6 7 8 9 10

옆으로 누워 몸통 회전하기(side lying thoracic rotation)

❶

❷

Tip 다른 운동 전 몸풀기로, 운동 후 마무리로도 좋아요.

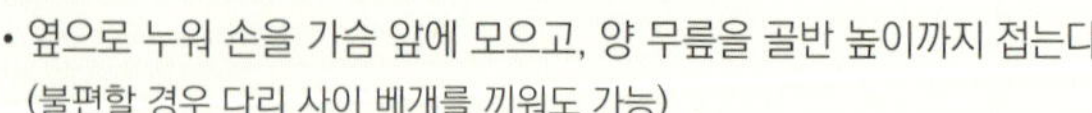

| 운동 처방 | 😊 | 시간 10~20초 | 세트 2~3 set |

동작설명
- 옆으로 누워 손을 가슴 앞에 모으고, 양 무릎을 골반 높이까지 접는다.
  (불편할 경우 다리 사이 베개를 끼워도 가능)
- 위에 있는 손을 몸통 뒤로 넘기면서 몸통을 회전시킨다.
- 시선은 움직이는 손을 따라 간다.

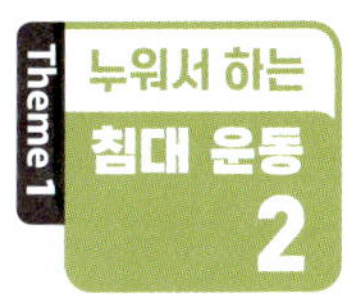

침대에서 누워서 자기 전에, 일어나서 할 수 있는 운동

| 자세별 맨몸운동 |

운동강도 
0 1 2 3 4 5 6 7 8 9 10

옆으로 누워 어깨 회전하기(side lying shoulder sweeps)

❶

❷

❸
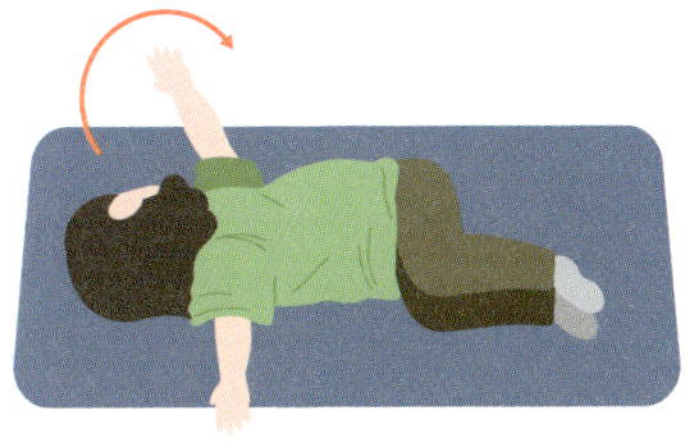

❹

Tip 다른 운동 전 몸풀기로, 운동 후 마무리로도 좋아요.

운동 처방  **횟수** 8~10회 **세트** 2~3 set

동작설명

- 옆으로 누워 손을 가슴 앞에 모으고, 양 무릎을 골반 높이까지 접는다.
  (불편할 경우 다리 사이 베개를 끼워도 가능)
- 어깨에 힘을 빼고 위에 있는 팔을 천천히 큰 원을 그리며 앞뒤로 돌린다.
- 다리가 같이 움직이지 않도록 주의한다.

침대에 누워서 자기 전에, 일어나서 할 수 있는 운동

운동강도 

옆으로 누워 골반 회전하기(side lying hip circles)

❶

❷
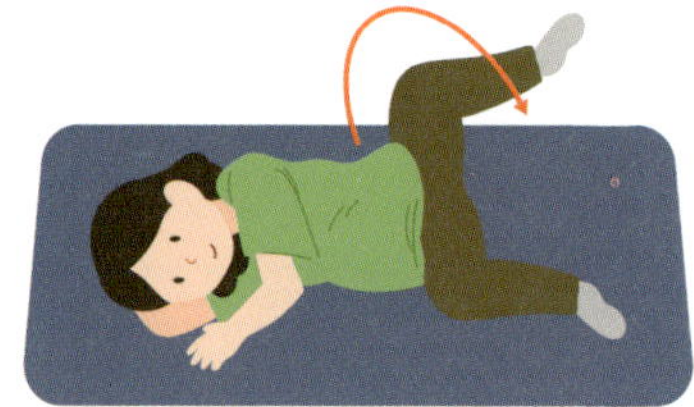

❸
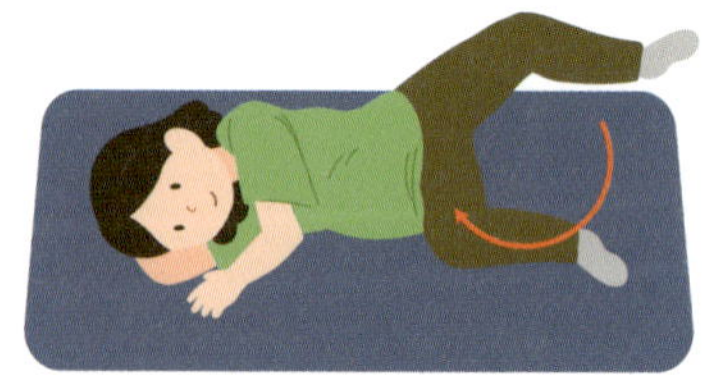

❹
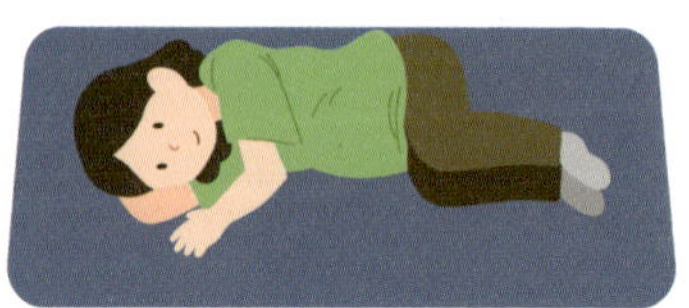

Tip 다른 운동 전 몸풀기로, 운동 후 마무리로도 좋아요.

| 운동 처방 | 횟수 8~12회 | 세트 2~3 set |

동작설명

- 옆으로 누워 양 무릎을 골반 높이까지 접는다.
- 골반을 기준으로 무릎으로 큰 원을 그리며 앞뒤로 돌린다.
- 몸통이 같이 움직이지 않도록 주의한다.

침대에 누워서 자기 전에, 일어나서 할 수 있는 운동

옆으로 누워 허벅지 늘리기(sidelying quad stretch)

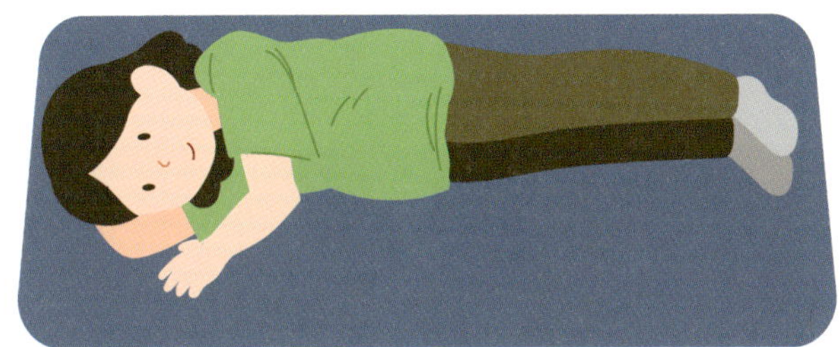

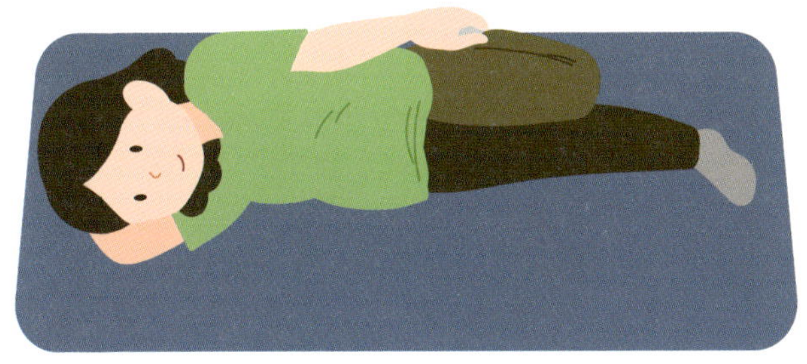

Tip   다른 운동 전 몸풀기로, 운동 후 마무리로도 좋아요.

운동 처방   🙂   **시간** 10~20초   **세트** 2~3 set

동작설명

- 옆으로 무릎을 접고 눕는다.
- 무릎을 접은 상태에서 위에 있는 다리가 몸통과 일직선이 되도록 한다.
- 발을 잡고 허벅지 앞 부분이 스트레칭 될 수 있도록 자세를 유지한다.

침대에 누워서 자기 전에,
일어나서 할 수 있는 운동

운동강도

X자 스트레칭(leg crossover strstch)

❶

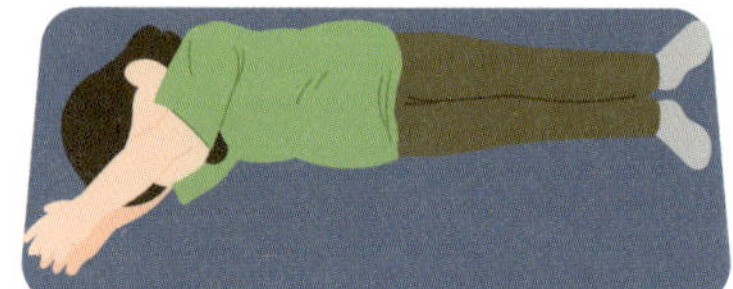

❷

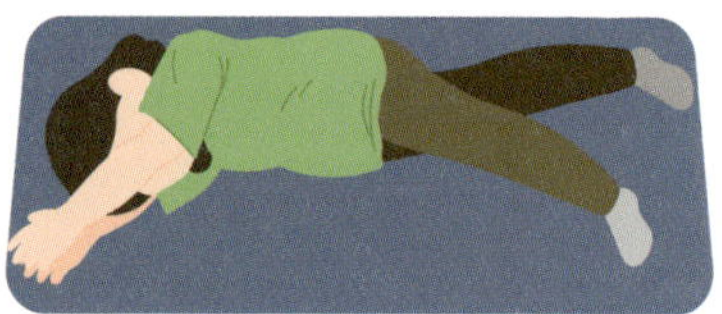

❸

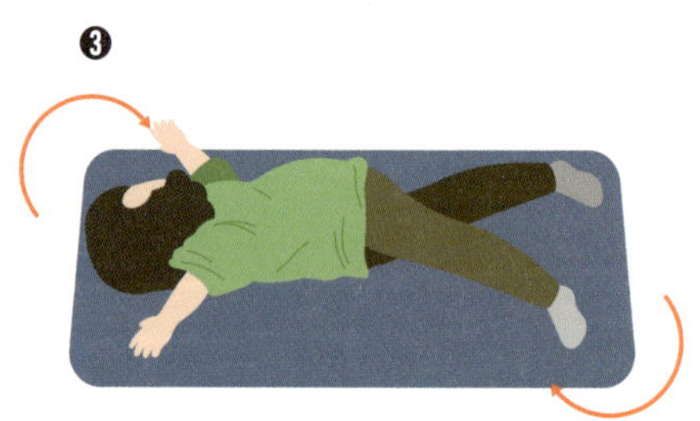

Tip 다른 운동 전 몸풀기로, 운동 후 마무리로도 좋아요.

운동 처방   시간 10~20초   세트 2~3 set

동작설명

- 옆으로 누운 상태에서 양팔을 대각선 위로 올린다.
- 위에 있는 다리는 앞으로 아래에 있는 다리는 뒤로 보내고,
  몸통을 회전시켜 위에 있는 팔을 뒤로 보낸다.
- 다리가 같이 움직이지 않도록 주의한다.

| 자세별 맨몸운동 |

침대에 누워서 자기 전에, 일어나서 할 수 있는 운동

운동강도 

엎드려 상체 늘리기(puppy pose)

❶

❷

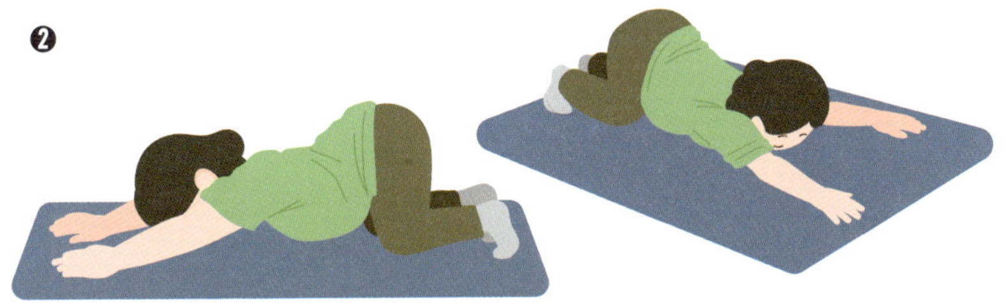

Tip 다른 운동 전 몸풀기로, 운동 후 마무리로도 좋아요.

운동 처방  **시간** 10~20초   **세트** 2~3 set

동작설명 

- 테이블 자세를 만든다.
- 손을 30 cm 앞에 둔다.
- 엉덩이를 무릎 위로 들어올리면서 가슴을 바닥으로 내린다.
- 배가 눌리지 않은 범위 내에서 운동한다.

괜찮아! 임신당뇨병

처음에 2세트부터 시작해서 동작이 익숙해지면 3세트로 늘려보세요.

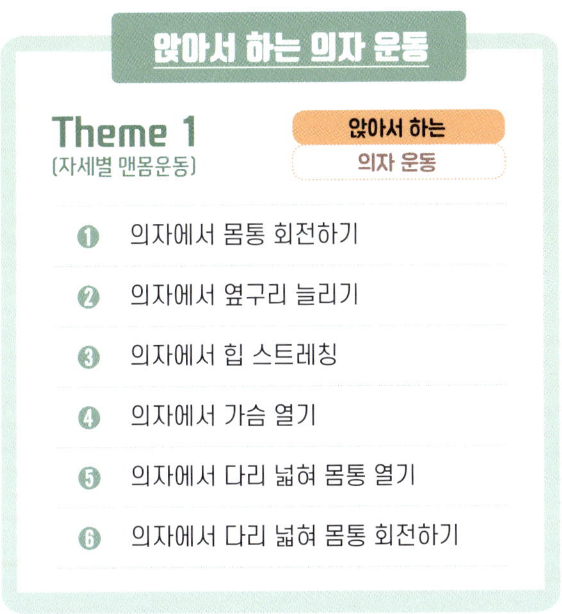

의자에서
수시로 할 수 있는 운동

의자에서 몸통 회전하기(seated trunk rotation)

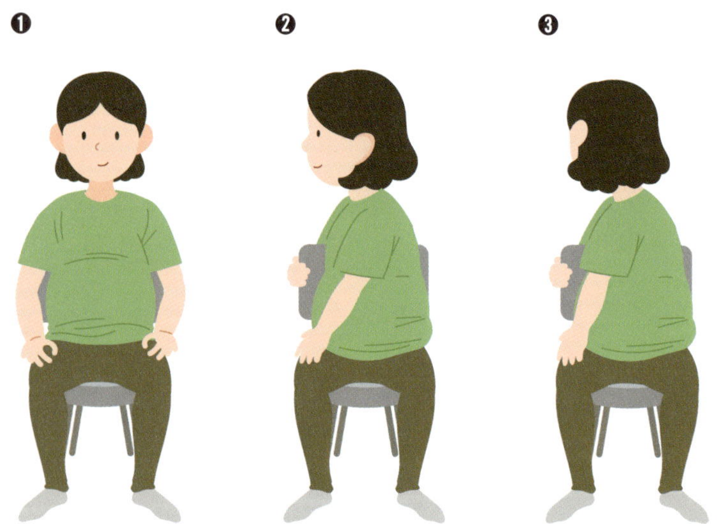

Tip 가능할 때마다 틈틈히 해보세요.

운동 처방   😊   **시간** 10~20초   **세트** 2~3 set

동작설명
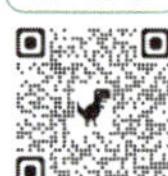
- 의자에 앉아 상체를 곧게 세운다.
- 몸통을 회전시켜 손을 등받침이나 의자 부분을 잡는다.
- 다리는 따라서 움직이지 않도록 하고, 시선을 뒤로 둔다.

의자에서
수시로 할 수 있는 운동

운동강도 

의자에서 옆구리 늘리기(seated side stretch)

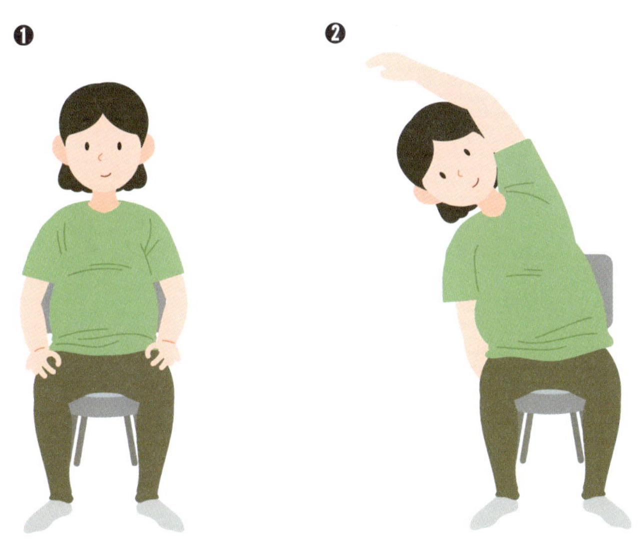

Tip 가능할 때마다 틈틈히 해보세요.

운동 처방      시간 10~20초   세트 2~3 set

동작설명

- 의자에 앉아 상체를 곧게 세운다.
- 한 손은 의자 아랫부분을 잡고, 한 손은 팔을 뻗어 반대쪽으로 이동시켜 옆구리를 늘린다.
- 등이 굽혀지지 않도록 유의한다.

의자에서
수시로 할 수 있는 운동

운동강도 

의자에서 힙 스트레칭(seated piriformis stretch)

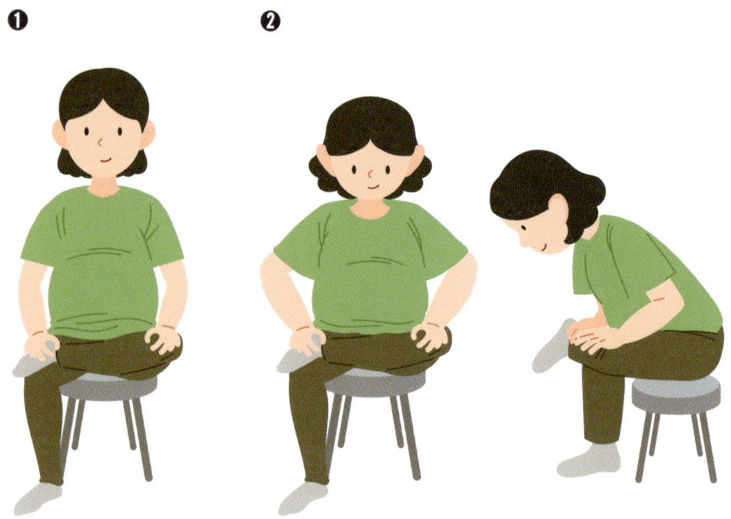

❶　　❷

Tip　가능할 때마다 틈틈히 해보세요.

운동 처방　😊　　시간　10~20초　　세트　2~3 set

동작설명

- 의자에 앉아 다리를 골반 넓이로 넓힌다.
- 한쪽 다리를 접어 발목이 반대쪽 허벅지에 올 수 있도록 한다.
- 접힌 다리의 무릎을 바닥쪽으로 내린다.

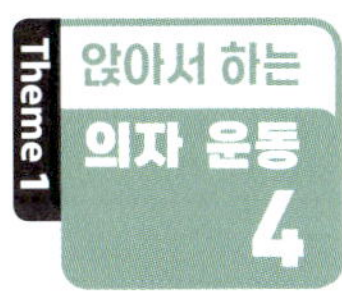

의자에서
수시로 할 수 있는 운동

운동강도 

의자에서 가슴 열기(seated chest stretch)

❶

❷

Tip 가능할 때마다 틈틈히 해보세요.

운동 처방 🙂 **시간** 10~20초   **세트** 2~3 set

동작설명
- 엉덩이를 10 cm 앞으로 당겨 앉고 상체를 곧게 세운다.
- 양팔을 뒤로 뻗어 의자 등받이나 아랫부분을 잡는다.
- 의자를 잡은 상태에서 가슴을 열고 어깨를 낮춘 상태로 자세를 유지한다.

의자에서 수시로 할 수 있는 운동

운동강도

0 1 2 3 4 5 6 7 8 9 10

의자에서 다리 넓혀 몸통 열기(seated goddess pose)

❶

❷

Tip 가능할 때마다 틈틈히 해보세요.

운동 처방   시간 10~20초   세트 2~3 set

동작설명

- 의자에 다리를 최대한 넓혀 앉고 상체를 곧게 세운다.
- 양팔을 어깨 높이로 올리고 가슴을 열어준다.
- 복부에 힘을 주어 자세를 유지한다.

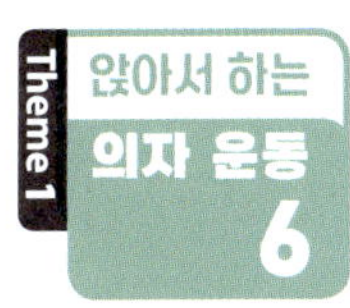

| 자세별 맨몸운동 |

의자에서
수시로 할 수 있는 운동

의자에서 다리 넓혀 몸통 회전하기(seated goddess pose with twist)

❶

❷

Tip   가능할 때마다 틈틈히 해보세요.

 운동 처방   시간 10~20초   세트 2~3 set

 동작설명
- 의자에 다리를 최대한 넓혀 앉고 상체를 곧게 세운다.
- 양손바닥을 허벅지 안쪽에 둔다.
- 상체를 숙이면서 손으로 다리를 밀며 몸통을 회전시킨다.

괜찮아! 임신당뇨병

서서 운동할 때에는 미끄러지지 않도록 양말을 벗거나, 운동화를 신으세요.
처음에 2세트부터 시작해서 동작이 익숙해지면 3세트로 늘려보세요.

Theme 1
(자세별 맨몸운동)

❶ 벽 짚고 무릎들기

❷ 벽 짚고 푸쉬업

❸ 벽 대고 스쿼트

❹ 벽 짚고 가슴 늘리기

❺ 벽 짚고 종아리 늘리기

❻ 벽 대고 바른자세 만들기

| 자세별 맨몸운동 |

벽만 있으면 할 수 있는
간단한 스트레칭과 운동

운동강도 

벽 짚고 무릎들기(wall knee up)

❶

❷

Tip 중심을 잡으며 하는 동작들이 힘들어질 때 적극 활용하세요.

운동 처방   😐   **횟수** 12~15회   **세트** 2~3 set

동작설명

- 벽을 짚고 상체를 곧게 세운다.
- 무릎을 번갈아 가며 골반 위치까지 들어올린다.
- 무릎을 들어올릴 때 등이 굽혀지지 않도록 유의한다.

벽만 있으면 할 수 있는 간단한 스트레칭과 운동

운동강도 0 1 2 3 4 5 6 7 8 9 10

벽 짚고 푸쉬업(wall push up)

❶

❷

Tip 중심을 잡으며 하는 동작들이 힘들어질 때 적극 활용하세요.

운동 처방  **횟수** 12~20회 **세트** 2~3 set

동작설명
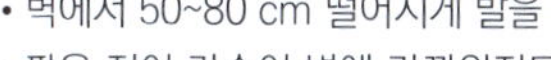

- 벽에서 50~80 cm 떨어지게 발을 두고 손은 가슴선에 맞춰 벽을 짚는다.
- 팔을 접어 가슴이 벽에 가까워지도록 한다.
- 동작 수행 시, 엉덩이와 복부에 힘을 주어 몸통이 일자 형태를 유지하도록 한다.

벽만 있으면 할 수 있는 간단한 스트레칭과 운동

운동강도 0 1 2 3 4 5 6 7 8 9 10

벽 대고 스쿼트(wall squat)

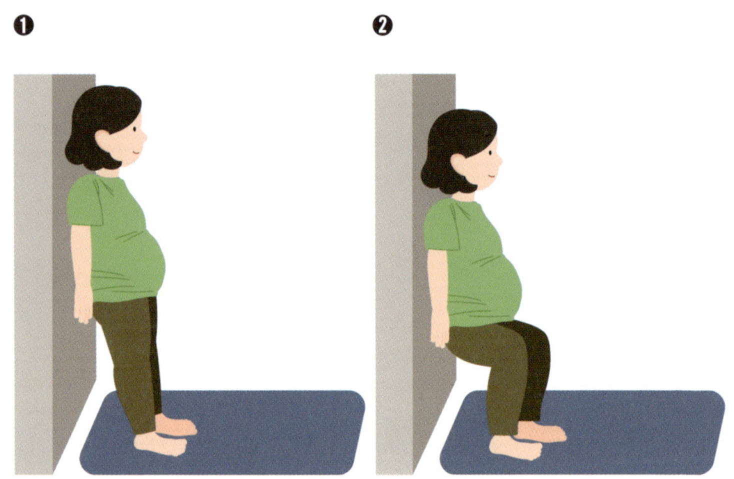

Tip 중심을 잡으며 하는 동작들이 힘들어질 때 적극 활용하세요.

운동 처방   시간 20~30초   세트 2~3 set

동작설명

- 등을 벽에 대고 발은 50~60 cm 앞에 둔다.
- 등이 떨어지지 않게 유의하며 무릎을 접어 앉는다.
- 무릎과 발끝이 같은 방향을 향하도록 유의한다.

벽만 있으면 할 수 있는 간단한 스트레칭과 운동

벽 짚고 가슴 늘리기(wall chest stretch)

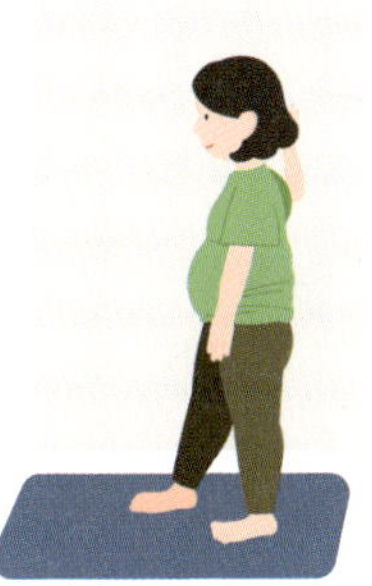

Tip   중심을 잡으며 하는 동작들이 힘들어질 때 적극 활용하세요.

운동 처방   🙂   **시간** 10~20초   **세트** 2~3 set

동작설명

- 팔꿈치를 어깨 높이로 들어올려 벽에 대고, 다리는 앞뒤로 벌려선다.
- 팔꿈치를 벽에 고정한 상태에서 앞다리를 접어 상체를 앞으로 이동시킨다.
- 가슴이 열린 상태에서 자세를 유지한다.
- 팔꿈치의 높낮이를 조절하며 수행하면 가슴 부위에 다양한 자극이 될 수 있다.

| 자세별 맨몸운동 |

벽만 있으면 할 수 있는 간단한 스트레칭과 운동

벽 짚고 종아리 늘리기(wall calf stretch)

❶

❺

❷

Tip   중심을 잡으며 하는 동작들이 힘들어질 때 적극 활용하세요.

| 운동 처방 | 🙂 | 시간 10~20초 | 세트 2~3 set |

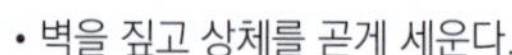

동작설명

- 벽을 짚고 상체를 곧게 세운다.
- 무릎을 앞뒤로 약 1 m 정도 넓힌다.
- 앞다리의 무릎을 접는다. 이때, 뒷다리의 발꿈치가 바닥에서 떨어지지 않도록 유의하며 자세를 유지한다.

벽만 있으면 할 수 있는 간단한 스트레칭과 운동

운동강도 0 1 2 3 4 5 6 7 8 9 10

벽 대고 바른자세 만들기(wall neutral spine)

❶
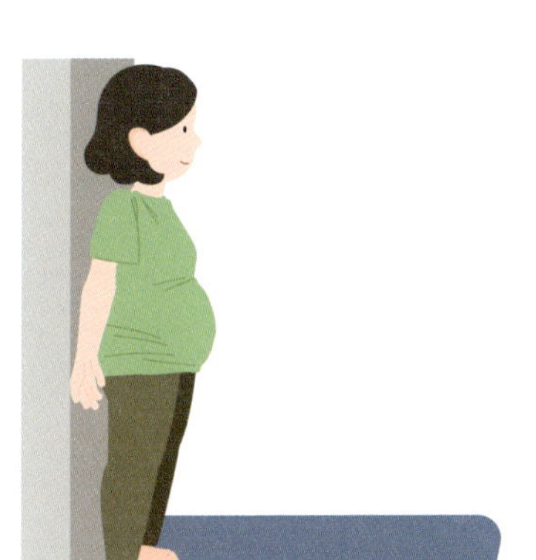

❷

Tip 중심을 잡으며 하는 동작들이 힘들어질 때 적극 활용하세요.

| 운동 처방 |  | 시간 20~30초 | 세트 2~3 set |

동작설명

- 머리부터 발뒤꿈치까지 벽에 대고 선다.
- 머리, 등, 엉덩이, 발 뒤꿈치가 벽에서 떨어지지 않도록 한다.
- 엉덩이와 복부에 힘을 주어 자세를 유지한다.

걱정마! 임신당뇨병

테마. 유산소 운동

힘들거나 동작이 어려울 경우 벽을 짚거나 기대서 운동하세요.

처음에 2세트부터 시작해서 동작이 익숙해지면 3세트로 늘려보세요.

강도가 낮은 전신 유산소 운동

Theme 2
(유산소 운동)

낮은 강도
전신 유산소 운동 1

① 무릎 낮게 제자리 걷기

② 좌우로 움직이며 발 모으기

③ 좌우로 움직이며 뒤꿈치 찍기

④ 좌우로 움직이며 앞꿈치 찍기

⑤ 골반 돌리기

⑥ 사이드 런지

강도가 낮지만
꾸준히 하면 땀이 나는 동작

운동강도 0 1 2 3 4 5 6 7 8 9 10

무릎 낮게 제자리 걷기(low walking)

❶ ❷ ❸

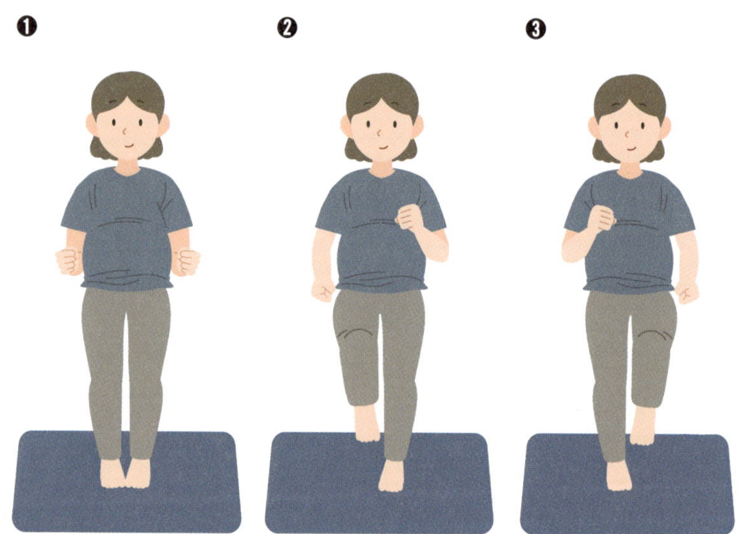

Tip 운동 시 상체를 곧게 유지하려고 노력하면 운동량이 증가해요.

운동 처방   횟수 30회   세트 2~3 set

동작설명
- 상체를 곧게 세운다.
- 자연스럽게 걷는다는 느낌으로 팔을 자연스럽게 앞뒤로 흔든다.
- 무릎을 들어올릴 때 등이 굽혀지지 않도록 유의한다.

강도가 낮지만
꾸준히 하면 땀이 나는 동작

운동강도 0 1 2 3 4 5 6 7 8 9 10

좌우로 움직이며 발 모으기(step touch)

❶ 

❷ 

❸ 

❹ 

Tip 운동 시 상체를 곧게 유지하려고 노력하면 운동량이 증가해요.

운동 처방   **횟수** 30회   **세트** 2~3 set

동작설명
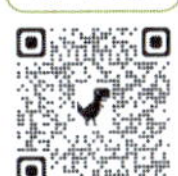
- 상체를 곧게 세우고 복부에 힘을 주어 동작 중에도 흔들리지 않도록 한다.
- 다리를 좌우로 움직여 가면서 발을 모았다 폈다 반복한다.
- 발을 모을 때 무릎을 살짝 굽히면 동작을 자연스럽게 수행할 수 있다.

강도가 낮지만 꾸준히 하면 땀이 나는 동작

좌우로 움직이며 뒤꿈치 찍기(heel touch)

Tip 운동 시 상체를 곧게 유지하려고 노력하면 운동량이 증가해요.

운동 처방　　　횟수　20회　　　세트　2~3 set

동작설명

- 상체를 곧게 세우고 복부에 힘을 주어 동작 중에도 흔들리지 않도록 한다.
- 한쪽 다리는 지탱하고 반대쪽 다리로는 발 뒤꿈치만 바닥에 닿도록 한다.
- 발 뒤꿈치를 찍을 때 지탱하는 다리의 무릎을 살짝 굽히면 자연스러운 동작으로 운동할 수 있다.

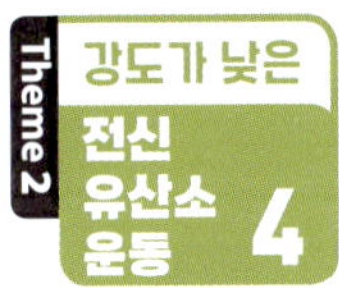

강도가 낮지만
꾸준히 하면 땀이 나는 동작

운동강도

좌우로 움직이며 앞꿈치 찍기(step toe touch)

Tip 운동 시 상체를 곧게 유지하려고 노력하면 운동량이 증가해요.

(운동 처방)  **횟수** 20회   **세트** 2~3 set

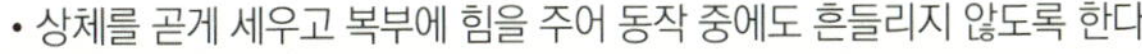

(동작설명)

- 상체를 곧게 세우고 복부에 힘을 주어 동작 중에도 흔들리지 않도록 한다.
- 한쪽 다리는 지탱하고 반대쪽 다리로는 발가락이 바닥에 닿도록 한다.
- 발가락를 찍을 때 지탱하는 다리의 무릎을 살짝 굽히면 동작을 자연스럽게 수행할 수 있다.

강도가 낮지만 꾸준히 하면 땀이 나는 동작

운동강도 

★★★

골반 돌리기(standing hip circles)

 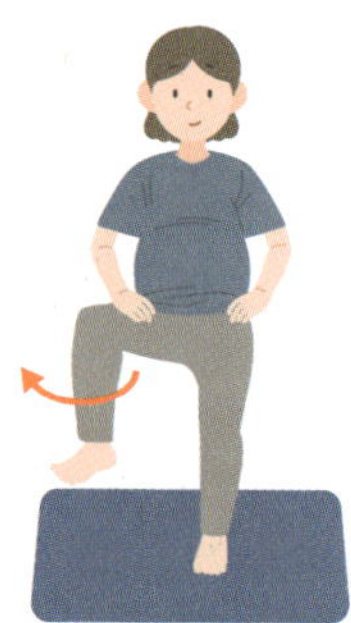

반대 자세

 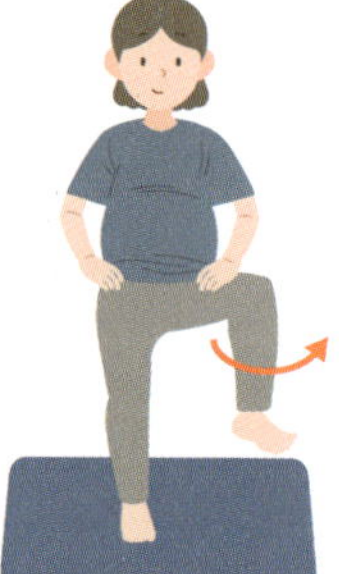

Tip 운동 시 상체를 곧게 유지하려고 노력하면 운동량이 증가해요.

운동 처방　　횟수 15회　　세트 2~3 set

동작설명

- 상체를 곧게 세우고 복부에 힘을 주어 동작 중에도 흔들리지 않도록 한다.
- 무릎으로 골반에 큰 원을 그린다고 생각하고 안에서 바깥쪽으로 돌린다.
- 방향을 전환해서 바깥쪽에서 안쪽 방향으로 반복한다.

강도가 낮지만 꾸준히 하면 땀이 나는 동작

사이드 런지(side lunge)

Tip 운동 시 상체를 곧게 유지하려고 노력하면 운동량이 증가해요.

| 운동 처방 | 😐 | **횟수** 15회 | **세트** 2~3 set |

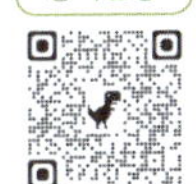

동작설명
- 상체를 곧게 세우고 양발을 골반 너비의 두 배 정도로 벌려서 선다.
- 왼쪽 오른쪽 번갈아가며 이동한 다리쪽으로 무게를 싣고 무릎을 굽힌다.
- 발끝과 무릎이 같은 방향을 향하게 하고 허리가 굽혀지지 않도록 한다.

괜찮아! 임신당뇨병

힘들거나 동작이 어려울 경우 벽을 짚거나 기대서 운동하세요.
운동 중 미끄러져 넘어지지 않도록 맨발로 운동하거나, 운동화를 신으세요.
처음에 2세트부터 시작해서 동작이 익숙해지면 3세트로 늘려보세요.

강도가 중간인 전신 유산소 운동

Theme 2
(유산소 운동)

중간 강도
전신 유산소운동 2

1. 무릎 높게 제자리 걷기
2. 앞으로 무릎들기
3. 옆으로 무릎들기
4. 뒤로 무릎접기
5. 백 런지
6. 좌우로 두 번씩 이동하기

동작을 정확하게 하면 숨이 차는 중강도 유산소 운동

운동강도 0 1 2 3 4 5 6 7 8 9 10

무릎 높게 제자리걷기(walking high knees)

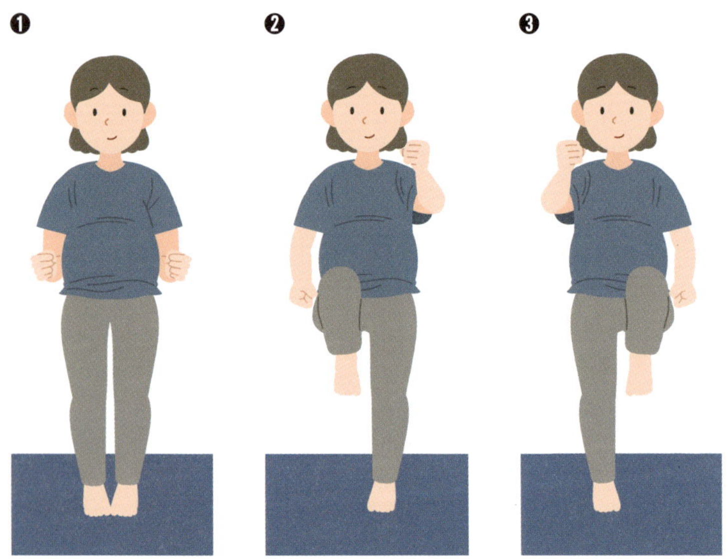

Tip 중심 잡기 힘들면 벽을 잡고 해도 좋아요.

운동 처방   횟수 30회   세트 2~3 set

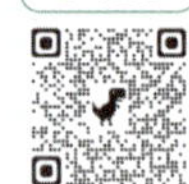

동작설명
- 상체를 곧게 세우며 걷는 동작을 취한다.
- 무릎을 골반 높이까지 들어올리며 팔도 앞뒤로 크게 움직인다.
- 무릎을 들어올릴 때 등이 굽혀지지 않도록 유의한다.

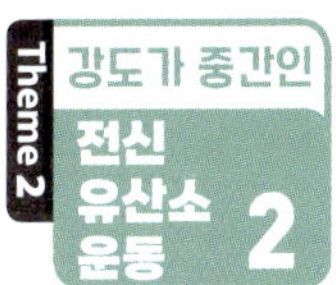

동작을 정확하게 하면
숨이 차는 중강도 유산소 운동

앞으로 무릎들기(knee up)

Tip   중심 잡기 힘들면 벽을 잡고 해도 좋아요.

(운동 처방)   🙁   **횟수** 20회   **세트** 2~3 set

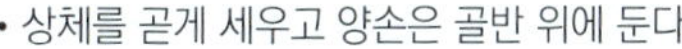

(동작설명)
- 상체를 곧게 세우고 양손은 골반 위에 둔다.
- 번갈아 가며 무릎을 골반 높이까지 들어올린다.
- 무릎을 들어올릴 때 등이 굽혀지지 않도록 유의한다.

동작을 정확하게 하면 숨이 차는 중강도 유산소 운동

운동강도  

★★★

옆으로 무릎들기(side knee up)

❶ 

❷ 

❸ 

❹ 

Tip 중심 잡기 힘들면 벽을 잡고 해도 좋아요.

| 운동 처방 |  | **횟수** 20회 | **세트** 2~3 set |

동작설명

- 상체를 곧게 세우고 양손은 골반 위에 둔다.
- 번갈아 가며 옆으로 무릎을 골반 높이까지 들어올린다.
- 무릎을 들어올릴 때 등이 굽혀지지 않도록 유의한다.

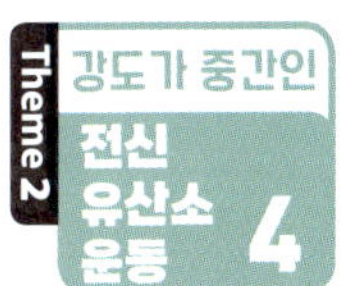

동작을 정확하게 하면
숨이 차는 중강도 유산소 운동

운동강도 

뒤로 무릎접기(standing leg curl)

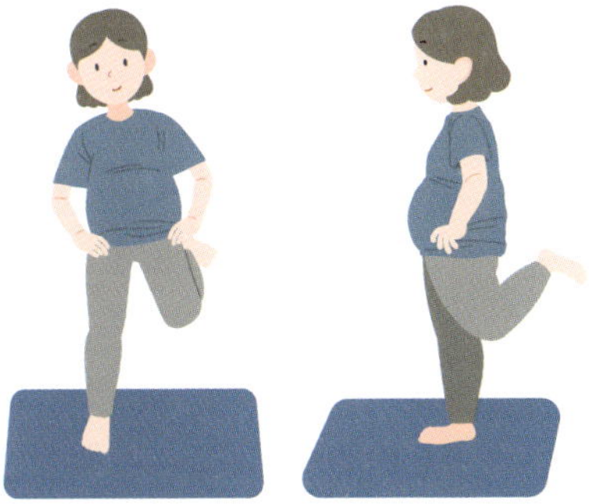

Tip 중심 잡기 힘들면 벽을 잡고 해도 좋아요.

운동 처방 　횟수 20회　　세트 2~3 set

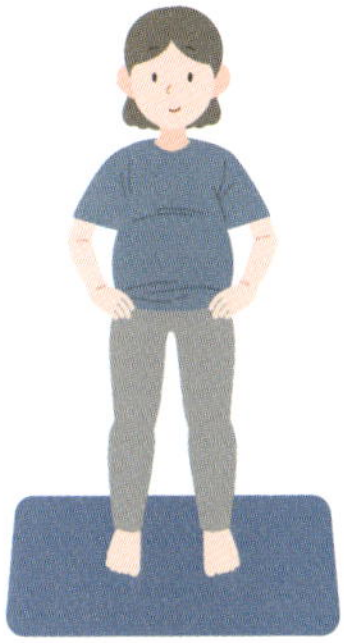

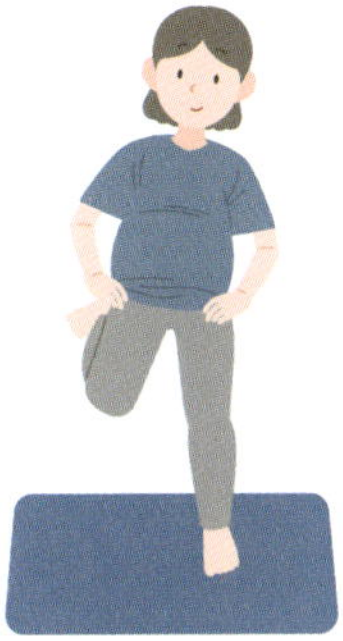

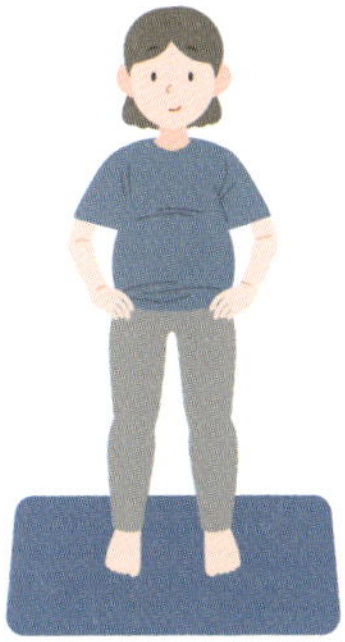

동작설명

- 상체를 곧게 세우고 양손은 골반 위에 둔다.
- 발끝을 당겨 무릎을 접어 발뒤꿈치가 엉덩이를 찬다는 느낌으로 동작을 취한다.
- 동작 시 무릎이 앞으로 가지 않고 몸통과 일직선이 되도록 한다.

동작을 정확하게 하면 숨이 차는 중강도 유산소 운동

운동강도 0 1 2 3 4 5 6 7 8 9 10

백 런지(back lunge)

❶ 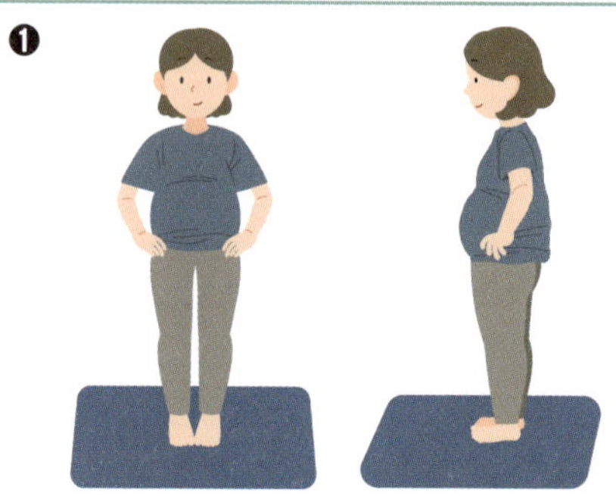

❷ 

Tip 중심 잡기 힘들면 벽을 잡고 해도 좋아요.

운동 처방   횟수 15회   세트 2~3 set

동작설명

- 상체를 곧게 세우고 양손은 골반 위에 둔다.
- 번갈아 가며 한쪽 다리를 뒤로 보내고, 앞쪽 다리는 무릎을 접는다. 뒤쪽으로 보내는 발의 뒤꿈치까지 바닥에 닿고 제자리로 돌아온다.
- 앞쪽 다리의 무릎은 발끝과 같은 방향을 향하도록 한다.

| 유산소 운동 |

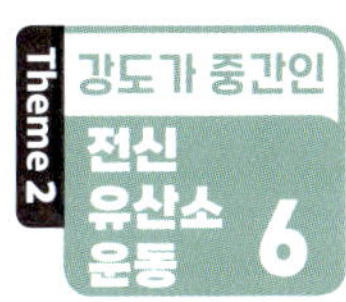

동작을 정확하게 하면
숨이 차는 중강도 유산소 운동

운동강도 

좌우로 두 번씩 이동하기(double side step)

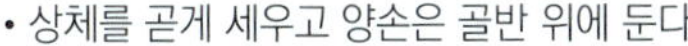

Tip 가능할 때마다 틈틈히 해보세요.

| 운동 처방 | **횟수** 15회 **세트** 2~3 set

| 동작설명 |
- 상체를 곧게 세우고 양손은 골반 위에 둔다.
- 오른발을 오른쪽으로 옮긴 뒤, 왼발을 따라오게 하며 두 번씩 반복한다.
  (반대쪽도 동일하게)
- 상체가 흔들리지 않도록 코어에 힘을 주고 곧게 세운 상태를 유지한다.

임신당뇨병

걱정마! 임신당뇨병

3

테마. 저항 운동

힘들거나 동작이 어려울 경우 벽을 짚거나 기대서 운동하세요.

운동 중 미끄러져 넘어지지 않도록 맨발로 운동하거나, 운동화를 신으세요.

처음에 2세트부터 시작해서 동작이 익숙해지면 3세트로 늘려보세요.

맨몸으로 하는 근력 운동

Theme 3
(유산소 운동)

맨몸으로 하는
근력운동 1

1. 와이드 스쿼트

2. 스플릿 스쿼트

3. 서서 뒤로 발차기

4. 팔꿈치 당겨 내리기

5. 옆으로 양팔 들어 올리기

6. 어깨 바깥쪽으로 회전하기

맨몸으로 근육을 자극하여 임신 중 자세 개선에 도움을 주는 운동

운동강도 

★★★

와이드 스쿼트(wide squat)

❶

❷

Tip 운동되는 근육에 집중하면 운동효과가 더욱 좋아요.

운동 처방 　　횟수 8~12회　　세트 2~3 set

동작설명

- 상체를 곧게 세우고 양발을 골반 너비의 두 배 정도로 벌려서 선다.
- 무릎을 굽혀 엉덩이가 무릎 위치까지 내려가도록 앉는다.
- 발끝과 무릎이 같은 방향을 향하게 하고 허리가 굽혀지지 않도록 한다.

맨몸으로 근육을 자극하여
임신 중 자세 개선에 도움을 주는 운동

운동강도 0 1 2 3 4 5 6 7 8 9 10

스플릿 스쿼트(split squat)

❶

❷

Tip 운동되는 근육에 집중하면 운동효과가 더욱 좋아요.

[운동 처방] 횟수 8~12회   세트 2~3 set

[동작설명]
- 한 발을 앞에, 다른 발은 뒤에 두고 서서 다리를 벌린다.
- 앞쪽 다리의 무릎을 구부리며 천천히 내려가고, 뒤쪽 다리의 무릎은 바닥에 가깝게 내려가지만 닿지 않게 한다.
- 한쪽 다리로 원하는 횟수 수행 후 반대쪽 다리도 반복한다.
- 발끝과 무릎이 같은 방향을 향하게 하고 상체가 앞으로 기울지 않도록 한다.

맨몸으로 근육을 자극하여 임신 중 자세 개선에 도움을 주는 운동

서서 뒤로 발차기(standing kickback)

❶ 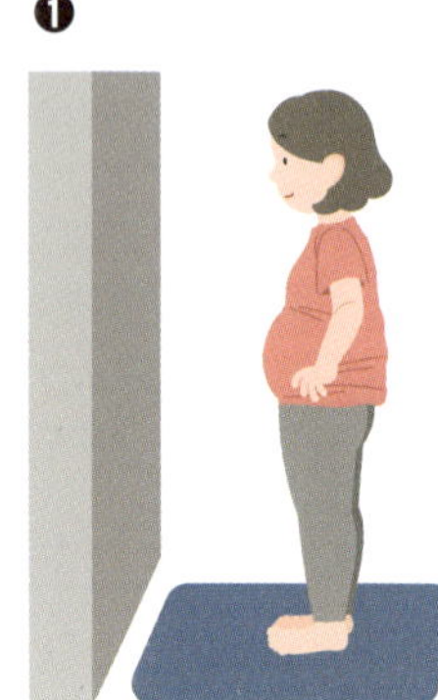

❷ 

Tip  운동되는 근육에 집중하면 운동효과가 더욱 좋아요.

운동 처방   횟수 12~15회   세트 2~3 set

동작설명

- 상체는 곧게 세우고, 코어에 힘을 준다.
- 한쪽 다리를 뒤로 천천히 들어올린다. 이때 발끝을 당겨 아래로 향하게 하고 엉덩이 근육에 집중한다.
- 다리를 너무 높게 들어 올리려고 하지 말고 엉덩이 근육이 수축되는 범위 내에서 움직인다.

| 저항 운동 |

맨몸으로 근육을 자극하여 임신 중 자세 개선에 도움을 주는 운동

운동강도 

팔꿈치 당겨 내리기(lat pull down)

❶

❷

Tip 운동되는 근육에 집중하면 운동효과가 더욱 좋아요.

운동 처방 　**횟수** 12~15회　　**세트** 2~3 set

동작설명

- 등과 허리를 곧게 펴고, 팔은 양팔을 어깨 너비보다 넓게 벌려 위로 뻗어 손바닥이 앞을 향하도록 한다.
- 상체를 곧게 유지하면서 팔꿈치를 아래로 끌어내려 팔꿈치가 옆구리 쪽으로 내려오도록 한다.
- 팔 힘보다는 등을 사용하여 당긴다는 느낌으로 운동한다.

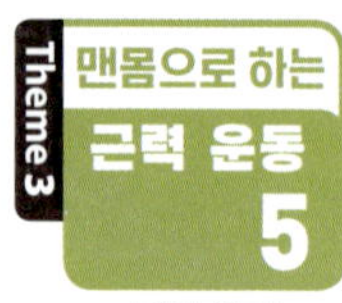

맨몸으로 근육을 자극하여
임신 중 자세 개선에 도움을 주는 운동

| 저항 운동 |

옆으로 양팔 들어 올리기(side lateral raise)

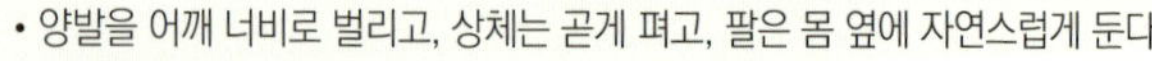

Tip 운동되는 근육에 집중하면 운동효과가 더욱 좋아요.

운동 처방   횟수 12~15회   세트 2~3 set

동작설명
- 양발을 어깨 너비로 벌리고, 상체는 곧게 펴고, 팔은 몸 옆에 자연스럽게 둔다.
- 양팔을 옆으로 들어 올리며 어깨 높이까지 천천히 올리고, 이때 손바닥이 아래를 향하도록 한다.
- 내려올 때도 어깨 긴장을 유지하며 천천히 내려온다.
- 팔을 올릴 때 어깨 근육을 사용하여 들어 올린다는 느낌으로 운동한다.

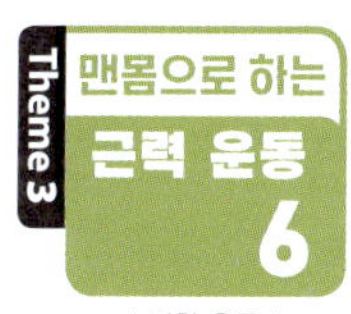

맨몸으로 근육을 자극하여
임신 중 자세 개선에 도움을 주는 운동

| 저항 운동 |

운동강도 

어깨 바깥쪽으로 회전하기(shoulder external rotaion)

❶

❷

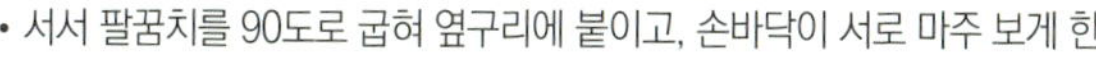

Tip 운동되는 근육에 집중하면 운동효과가 더욱 좋아요.

운동 처방 ☺ **횟수** 12~15회 **세트** 2~3 set

동작설명
- 서서 팔꿈치를 90도로 굽혀 옆구리에 붙이고, 손바닥이 서로 마주 보게 한다.
- 팔꿈치를 옆구리에 고정한 상태로, 양손을 천천히 바깥쪽으로 돌렸다 천천히 원래 위치로 돌아온다.
- 동작 중에 팔꿈치를 옆구리에 붙여 고정하고 어깨가 으쓱하지 않도록 주의한다.

힘들거나 동작이 어려울 경우 벽을 짚거나 기대서 운동하세요.
처음에 2세트부터 시작해서 동작이 익숙해지면 3세트로 늘려보세요.

물통으로 하는 근력 운동

Theme 3
(저항 운동)

물통으로 하는
근력 운동 2

① 물통 들고 어깨 바깥쪽으로 회전하기

② 물통 리버스플라이

③ 물통 들고 Y 만들기

④ 물통 들고 W 만들기

⑤ 물통 어깨 트위스트

⑥ 물통 들고 상체 숙여 노젓기

집에서 쉽게 구할 수 있는
물통으로 운동효과를 얻을 수 있음

운동강도 0 1 2 3 4 5 6 7 8 9 10

★★★

물통 들고 어깨 바깥쪽으로 회전하기(shoulder external rotaion)

❶ 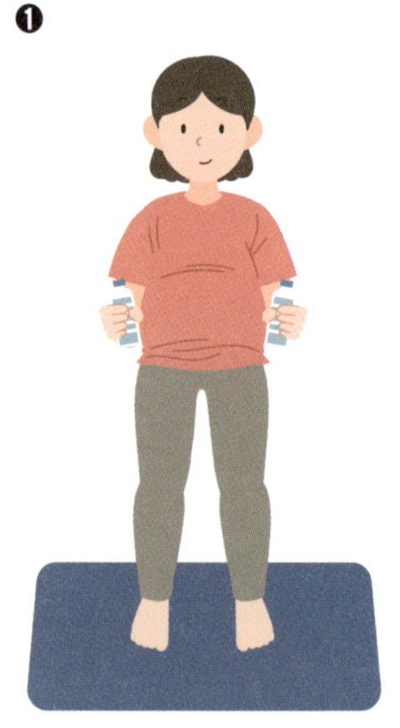

❷ 

Tip 물통이 없다면 다른 물건이나, 맨몸도 괜찮아요.

(운동 처방) 😊 **횟수** 8~12회 **세트** 2~3 set

(동작설명) 
- 물통을 들고 팔꿈치를 90도로 굽혀 옆구리에 붙이고, 손바닥이 서로 마주 보게 한다.
- 팔꿈치를 옆구리에 고정한 상태로, 양손을 천천히 바깥쪽으로 돌렸다 천천히 원래 위치로 돌아온다.
- 동작 중에 팔꿈치를 옆구리에 붙여 고정하고 어깨가 으쓱하지 않도록 주의한다.

집에서 쉽게 구할 수 있는
물통으로 운동효과를 얻을 수 있음

운동강도 

물통 리버스 플라이(reverse fly)

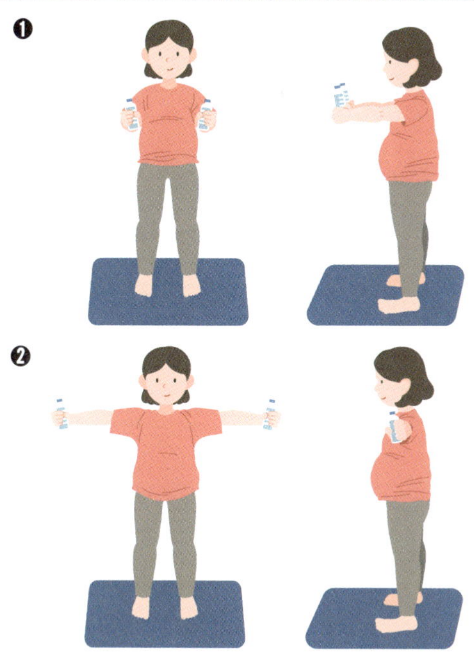

Tip   물통이 없다면 다른 물건이나, 맨몸도 괜찮아요.

(운동 처방)   ☺   **횟수** 8~12회   **세트** 2~3 set

(동작설명)

- 양 손에 물통을 들고 팔을 뻗어 가슴 앞으로 올린다.
- 팔꿈치를 살짝 구부린 상태로, 날개뼈를 조인다는 느낌으로 양팔을 옆으로 벌린다.
- 팔이 몸과 일직선을 될 때까지 벌린 후 다시 제자리로 돌아온다.
- 동작 시 승모근에 긴장이 생기지 않도록 귀와 어깨가 멀어지도록 한다.

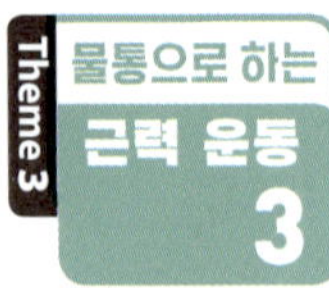

집에서 쉽게 구할 수 있는
물통으로 운동효과를 얻을 수 있음

운동강도 

물통 들고 Y 만들기(Y raise)

❶

❷

Tip  물통이 없다면 다른 물건이나, 맨몸도 괜찮아요.

운동 처방   🙂   **횟수** 8~12회   **세트** 2~3 set

동작설명 
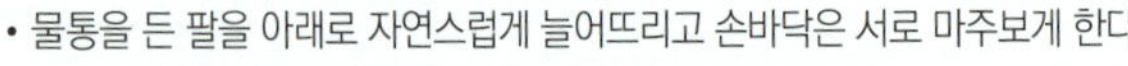
- 물통을 든 팔을 아래로 자연스럽게 늘어뜨리고 손바닥은 서로 마주보게 한다.
- 팔을 가볍게 구부린 상태에서, 양팔을 위쪽으로 들어 올리며 Y자를 그리 듯이 옆과 위로 벌려 준다.
- 팔이 몸통과 약 45도 각도로 벌어지게 하고, 어깨 높이까지 들어 올린 후 잠시 멈춘 후 내려온다.
- 동작 시 상체가 흔들리지 않도록 코어에 힘을 주고 허리를 곧게 유지한다.

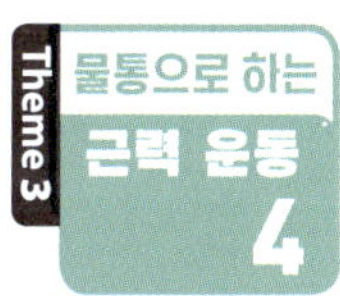

집에서 쉽게 구할 수 있는
물통으로 운동효과를 얻을 수 있음

운동강도 

물통 들고 W 만들기(W raise)

❶

❷

Tip 물통이 없다면 다른 물건이나, 맨몸도 괜찮아요.

운동 처방    **횟수** 8~12회   **세트** 2~3 set

동작설명

- 양 손에 물통을 들어 팔꿈치를 구부려 90도를 만들어 몸 옆으로 들어올린다.
- 팔꿈치를 구부린 상태를 유지하며, 어깨 높이까지 들어올린 후 W 모양을 만든다.
- 잠시 멈췄다가 어깨와 등의 긴장을 유지하며 팔을 천천히 시작 자세로 돌아온다.
- 자세에서 팔꿈치가 몸통보다 살짝 뒤로 위치하면 등의 자극을 더 느낄 수 있다.

집에서 쉽게 구할 수 있는 물통으로 운동효과를 얻을 수 있음

운동강도 

물통 어깨 트위스트(shoulder twist)

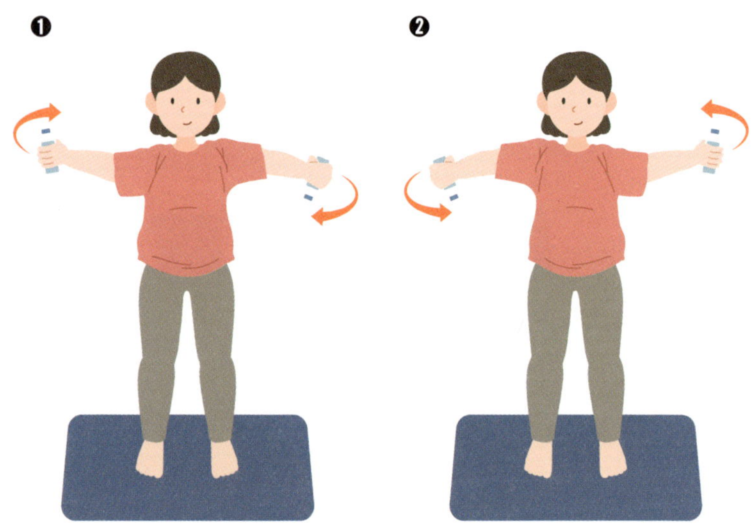

Tip 물통이 없다면 다른 물건이나, 맨몸도 괜찮아요.

운동 처방   횟수 8~12회   세트 2~3 set

동작설명

- 양 손에 물통을 들고 어깨 높이에 맞춰 양팔을 옆으로 뻗는다.
- 한쪽 팔은 뒤쪽으로 회전하고, 다른 쪽 팔은 앞쪽으로 회전한다.
- 최대한 비틀 수 있는 만큼 갔다가 반대방향으로 천천히 회전한다.
- 동작 시 승모근에 긴장이 생기지 않도록 어깨를 당겨 귀와 어깨가 멀어지도록 한다.

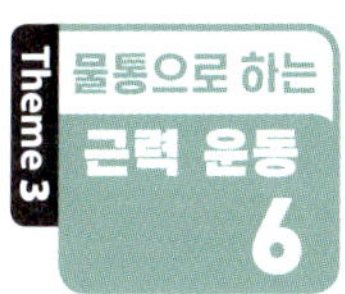

집에서 쉽게 구할 수 있는
물통으로 운동효과를 얻을 수 있음

물통 들고 상체 숙여 노젓기(bent over row)

❶

❷

Tip 가능할 때마다 틈틈히 해보세요.

  😊 **횟수** 8~12회   **세트** 2~3 set

• 무릎을 살짝 굽히고, 허리를 펴면서 상체를 약 45도 앞으로 기울인다.
• 팔은 자연스럽게 아래로 늘어뜨려 손바닥이 서로 마주보게 한다.
• 날개뼈를 조인다는 느낌으로 양 팔꿈치를 구부려 물통이 배 근처까지 오도록 한다.
• 동작 시 허리가 굽혀지지 않고 팔과 어깨가 올라가지 않도록 주의한다.

4

테마. 도구 운동

처음에 2세트부터 시작해서 동작이 익숙해지면 3세트로 늘려보세요.

수건을 활용한 스트레칭 + 저항 운동

Theme 4
(도구 운동)

수건을 활용한
스트레칭 + 저항운동

① 수건 잡고 옆구리 늘리기

② 수건으로 목 앞뒤 스트레칭

③ 수건으로 목 양옆 스트레칭

④ 수건 잡고 어깨 바깥쪽으로 회전하기

⑤ 수건 잡고 팔꿈치 당겨 내리기

⑥ 수건 잡고 상체 숙여 노젓기

수건을 활용해서 가볍게 할 수 있는 운동

운동강도 

수건 잡고 옆구리 늘리기(side stretching)

Tip 수건이 없다면 옷이나 스카프 등으로 대체 가능해요.

운동 처방 😊 **횟수** 8~12회   **세트** 2~3 set

동작설명
- 양손으로 수건의 양 끝을 잡고 팔을 머리 위로 들어 올리며 수건을 팽팽하게 잡는다.
- 코어에 힘을 주고 천천히 상체를 오른쪽(왼쪽)으로 기울인다. 이때 왼쪽 옆구리가 시원하게 늘어나는 것을 느끼며 잠시 멈췄다가 제자리로 돌아온다.
- 동작 시 허리가 과도하게 꺾이지 않도록 주의하며, 옆구리가 자연스럽게 늘어나는 범위까지만 수행한다.

수건을 활용해서
가볍게 할 수 있는 운동

운동강도 0 1 2 3 4 5 6 7 8 9 10

수건으로 목 앞뒤 스트레칭(neck flexion and extention stretching)

Tip   수건이 없다면 옷이나 스카프 등으로 대체 가능해요.

운동 처방   😊   **횟수** 8~12회   **세트** 2~3 set

동작설명
- 수건을 뒤통수에 걸치고 양 손으로 수건의 양 끝을 잡는다.
- 팔꿈치를 모아 수건으로 누르며 턱은 고개를 숙인 후 목 뒤가 부드럽게 늘어나는 것을 느낀다.
- 수건으로 목 뒤를 받친 후 턱을 위로 향하게 하여 목 앞이 늘어나는 것을 느낀다.
- 자신이 목이 움직일 수 있는 범위까지만 진행한다.

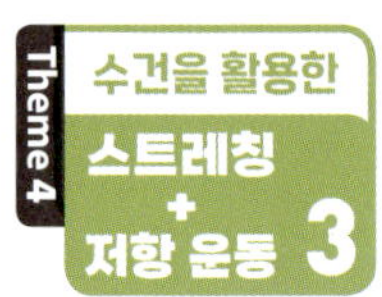

수건을 활용해서
가볍게 할 수 있는 운동

운동강도 

수건으로 목 양옆 스트레칭(neck rotation stretching)

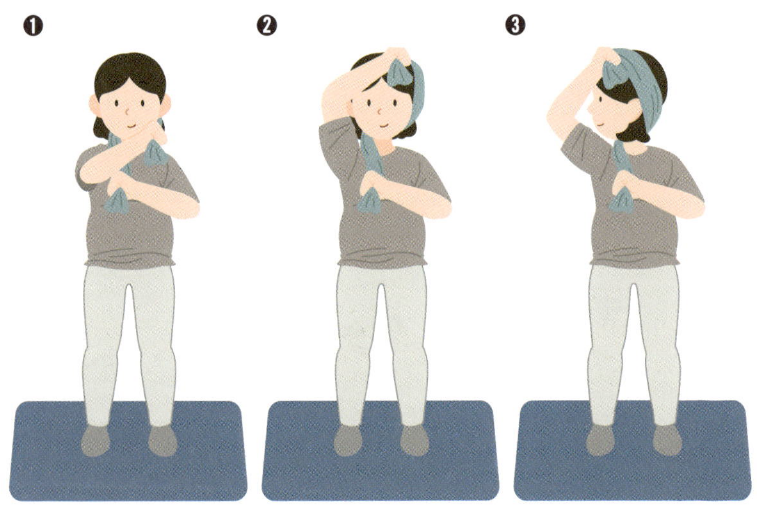

Tip 수건이 없다면 옷이나 스카프 등으로 대체 가능해요.

운동 처방 · 횟수 8~12회 · 세트 2~3 set

동작설명
- 수건을 뒤통수에 걸치고 양 손으로 수건의 교차하여 잡는다.
- 오른쪽으로 고개를 돌리며 오른손에 잡고 있는 수건도 오른쪽으로 당긴다.
- 반대쪽도 동일하게 수행한다.
- 자신이 목이 움직일 수 있는 범위 내에서 동작을 수행한다.

수건을 활용해서
가볍게 할 수 있는 운동

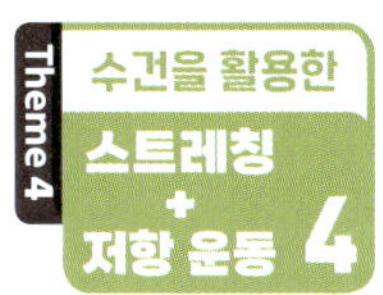

운동강도 0 1 2 3 4 5 6 7 8 9 10

수건 잡고 어깨 바깥쪽으로 회전하기(shoulder external rotaion)

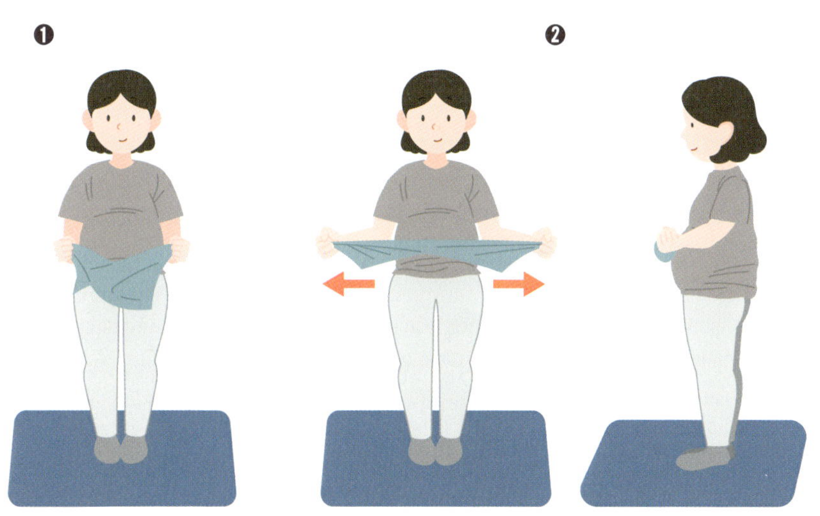

Tip   수건이 없다면 옷이나 스카프 등으로 대체 가능해요.

운동 처방   😊   **횟수** 8~12회   **세트** 2~3 set

동작설명

- 수건의 양끝을 잡아 팔꿈치를 90도로 굽혀 옆구리에 붙이고, 손바닥이 위로 향하게 한다.
- 팔꿈치를 옆구리에 고정한 상태로, 양손을 천천히 바깥쪽으로 돌려 회전할 수 있는 범위까지 간 후 잠시 멈춘다.
- 동작 중에 팔꿈치를 옆구리에 붙여 고정하고 어깨가 으쓱하지 않도록 주의한다.

수건을 활용해서 가볍게 할 수 있는 운동

★★★

수건 잡고 팔꿈치 당겨내리기(lat pull down)

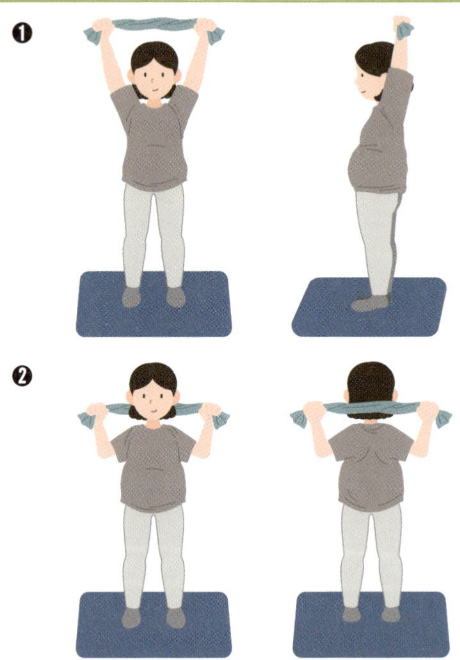

Tip   수건이 없다면 옷이나 스카프 등으로 대체 가능해요.

운동 처방   😊   **횟수** 8~12회   **세트** 2~3 set

동작설명

- 앉은 상태에서 등과 허리를 곧게 펴고, 수건의 양끝을 잡아 위로 뻗어 손바닥이 앞을 향하도록 한다.
- 상체를 곧게 유지하면서 팔꿈치를 목 뒤로 끌어내려 팔꿈치가 옆구리 쪽으로 내려오도록 한다.
- 팔 힘보다는 등을 사용하여 당긴다는 느낌으로 수행한다.

수건을 활용해서 가볍게 할 수 있는 운동

운동강도 
0 1 2 3 4 5 6 7 8 9 10

수건 잡고 상체 숙여 노젓기(bent over row)

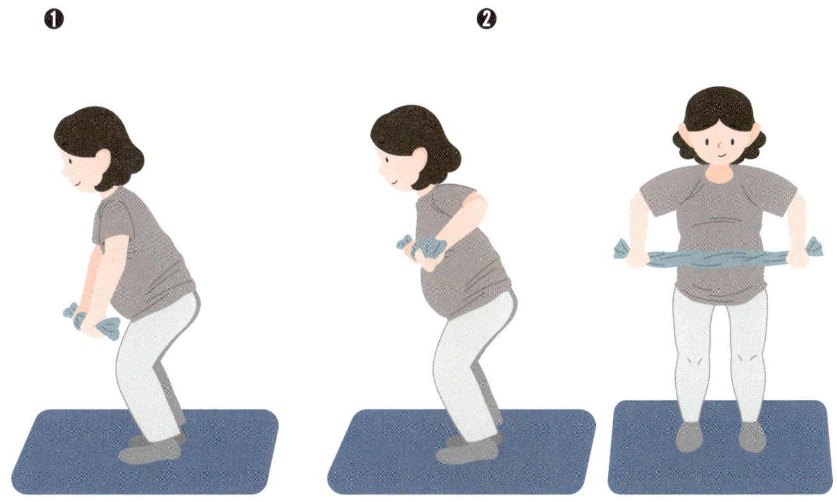

❶ **❷**

Tip 수건이 없다면 옷이나 스카프 등으로 대체 가능해요.

운동 처방  **횟수** 8~12회 **세트** 2~3 set

동작설명

- 양손에 수건을 어깨 너비와 비슷하게 잡는다. 무릎을 살짝 굽히고, 허리를 펴면서 상체를 약 45도 앞으로 기울인다. 팔은 자연스럽게 아래로 늘어뜨린다.
- 당길 때 날개뼈를 모으는 느낌으로 등 근육을 수축시키고, 팔꿈치는 몸통 가까이 붙인다. 팔꿈치가 허리 높이까지 올라오면 잠시 멈춘다.
- 동작 시 수건을 바깥쪽으로 당기면 등에 더 많은 자극을 느낄 수 있다.

처음에 2세트부터 시작해서 동작이 익숙해지면 3세트로 늘려보세요.

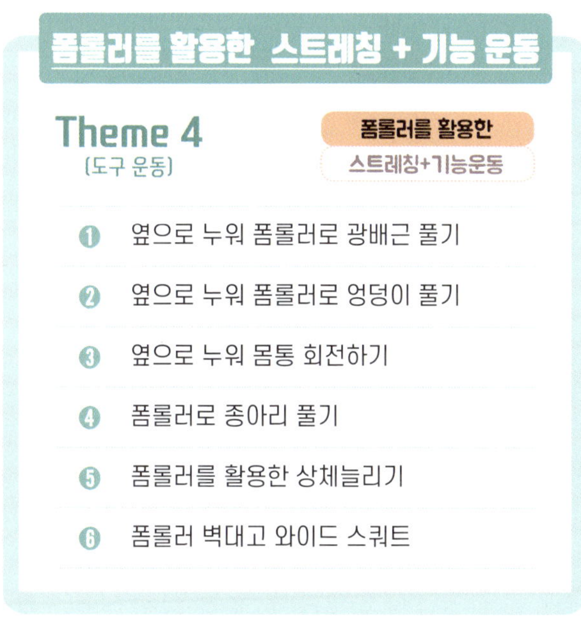

뭉친 근육을 이완시킬 수 있는 폼롤러 운동

★★★

옆으로 누워 폼롤러로 광배근 풀기(side-lying lat release on foam roller)

Tip   너무 아프면 폼롤러 위에 수건을 올려주세요.

운동 처방   🙂   시간 30초~1분   세트 2~3 set

동작설명
- 옆으로 누워 폼롤러가 겨드랑이 아래, 닿도록 위치시키고 팔은 머리 위로 뻗는다.
- 광배근의 다양한 부위를 자극하고 싶다면, 가슴을 약간 바닥 쪽이나 천장 쪽으로 돌리면서 새로운 각도를 찾아 풀어준다.
- 뭉치고 아픈 부위가 있으면 그곳에서 잠시 멈추고 근육이 이완될 때까지 기다린다.
- 뭉친 부분일수록 호흡을 천천히 내쉬면서 힘을 빼고, 갈비뼈나 어깨 관절과 같은 뼈 부위를 피하도록 한다.

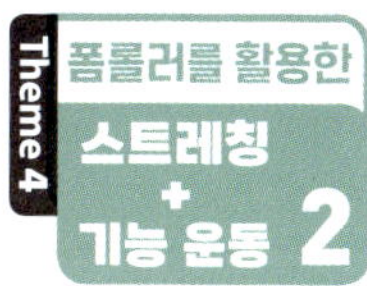

뭉친 근육을 이완시킬 수 있는 폼롤러 운동

옆으로 누워 폼롤러로 엉덩이 풀기(side lying hip with form roller)

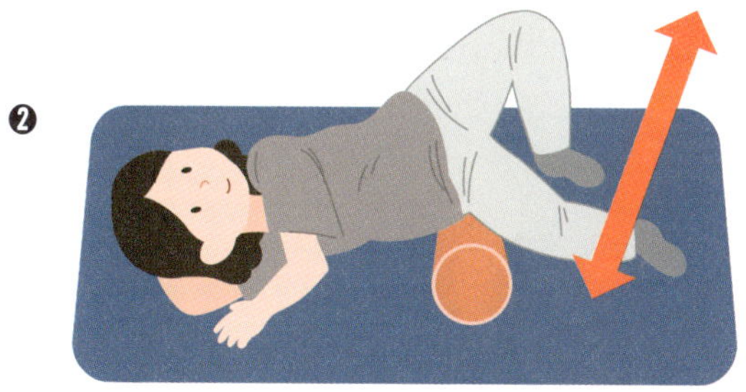

Tip   너무 아프면 폼롤러 위에 수건을 올려주세요.

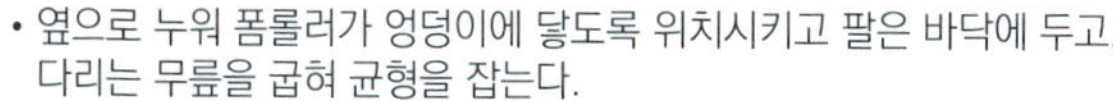
| 운동 처방 | ☺ | 시간 30초~1분 | 세트 2~3 set |

동작설명
- 옆으로 누워 폼롤러가 엉덩이에 닿도록 위치시키고 팔은 바닥에 두고, 다리는 무릎을 굽혀 균형을 잡는다.
- 위쪽에 있는 다리를 세워가며 가슴을 천장 쪽으로 돌리면서 엉덩이 근육을 누른다.
- 엉덩이 근육의 여러 부분을 자극하려면 폼롤러가 데고 있는 부위를 위아래, 앞뒤로 움직이면서 다양하게 자극한다.
- 뭉치고 아픈 부위가 있으면 그곳에서 잠시 멈추고 근육이 이완될 때까지 기다린다.
- 폼롤러가 너무 높다면 겨드랑이 부분에 베개를 깔아 높이를 맞춘다.

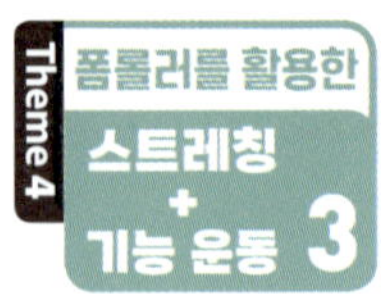

뭉친 근육을 이완시킬 수 있는 폼롤러 운동

운동강도 0 1 2 3 4 5 6 7 8 9 10

옆으로 누워 몸통 회전하기
(side lying thoracic rotation with a form roller)

❶

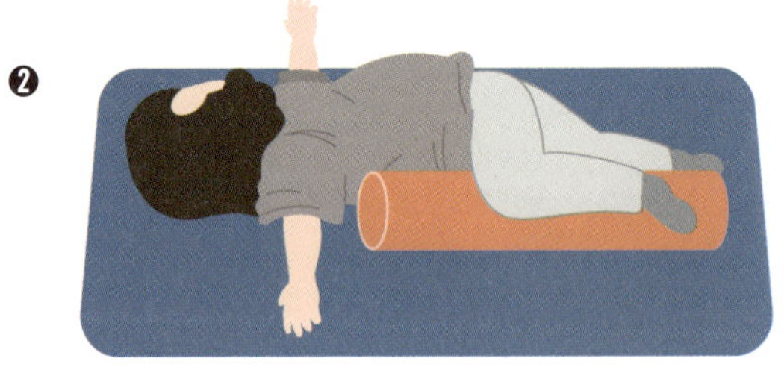

❷

Tip 너무 아프면 폼롤러 위에 수건을 올려주세요.

운동 처방 ☺ **시간** 30초~1분 **세트** 2~3 set

동작설명
- 옆으로 누워 위쪽 무릎을 90도로 굽혀 폼롤러 위에 고정한다.
- 두 팔을 몸 앞쪽으로 뻗고, 손바닥이 맞닿도록 하여 팔을 어깨 높이에 맞춘다.
- 폼롤러를 고정한 상태로, 위쪽 팔과 어깨를 천천히 뒤로 돌리며 가슴을 열어준다. 이 때, 움직이는 손을 따라 시선을 함께 돌려주며, 허리와 골반은 움직이지 않고 상체만 회전한다.
- 최대한 뒤쪽으로 팔을 뻗어 어깨가 바닥에 닿도록 하고, 몇 초간 자세를 유지한다.

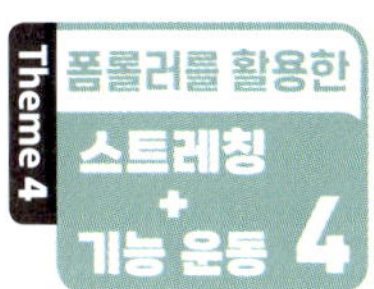

뭉친 근육을 이완시킬 수 있는 폼롤러 운동

폼롤러로 종아리 풀기(calf with a form roller)

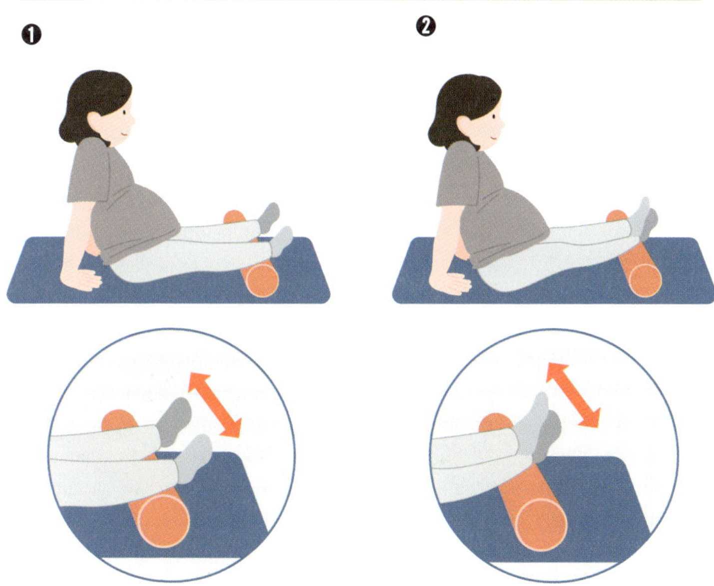

Tip 너무 아프면 폼롤러 위에 수건을 올려주세요.

| 운동 처방 | 😊 | **시간** 30초~1분 | **세트** 2~3 set |

동작설명

- 다리는 폼롤러 위로 올리고, 두 손은 몸 뒤쪽에 짚어 상체를 안정화시킨다.
- 양발을 바깥쪽과 안쪽으로 움직이며 종아리 근육을 풀어준다. 위치를 위아래로 바꿔가며 자극해준다.
- 좀 더 강한 자극을 원할 경우 다리를 꼬아 한쪽 다리를 반대편 다리 위로 올려준다.
- 뭉치고 아픈 부위가 있으면 그곳에서 잠시 멈추고 근육이 이완될 때까지 기다린다.
- 뭉친 부분일수록 호흡을 천천히 내쉬면서 힘을 뺀다.

뭉친 근육을 이완시킬 수 있는 폼롤러 운동

운동강도 

폼롤러를 활용한 상체 늘리기(puppy pose with a form roller)

❶

❷

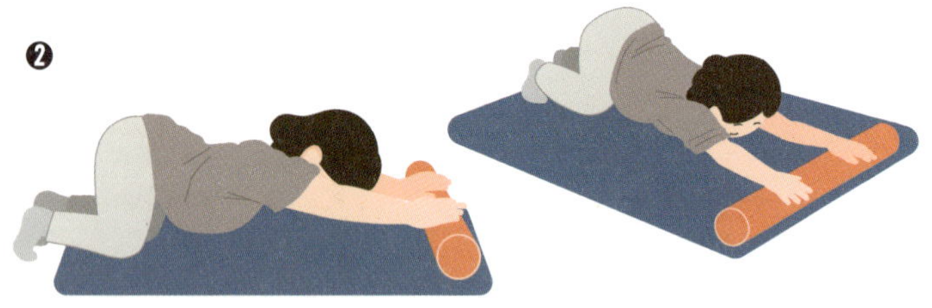

Tip　너무 아프면 폼롤러 위에 수건을 올려주세요.

[운동 처방] 　　**횟수** 8~10회　　　**세트** 2~3 set

[동작설명]

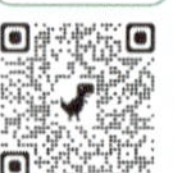

- 무릎은 골반 너비로 벌려 엉덩이와 직각이 되게 하고, 두 손은 어깨 너비로 벌려 폼롤러 위에 둔다.
- 두 손을 폼롤러 위에 올린 상태에서, 폼롤러를 앞으로 천천히 밀어 상체를 앞으로 숙인다.
- 가슴을 바닥쪽으로 내리면서 팔과 어깨가 자연스럽게 늘어나도록 하고, 엉덩이는 무릎 위에 위치하도록 한다.
- 2~3초간 자세를 유지하다가 시작 자세로 돌아온다.
- 동작 시 허리가 과도하게 꺾이지 않도록 주의하고, 자신의 가동범위 안에서 동작을 수행한다.

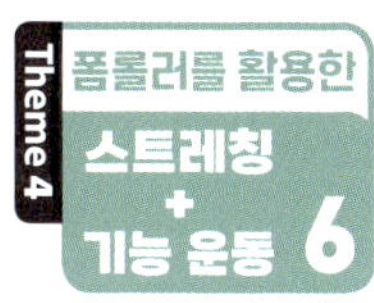

뭉친 근육을 이완시킬 수 있는 폼롤러 운동

운동강도 

폼롤러 벽대고 와이드 스쿼트(wall wide squat with a form roller)

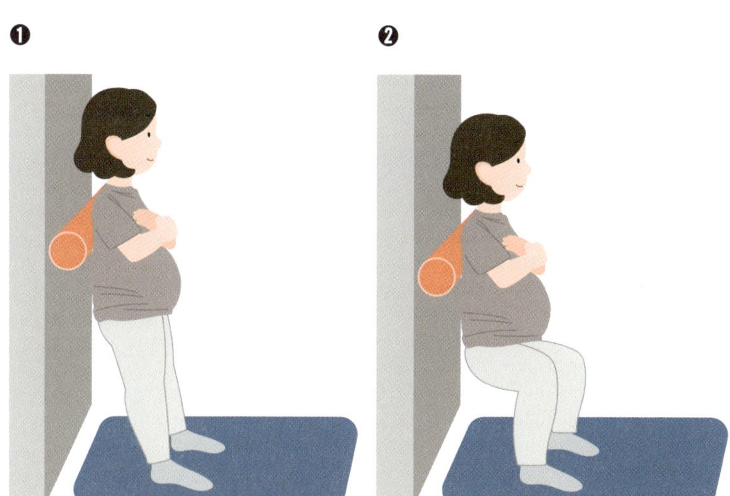

Tip 가능할 때마다 틈틈이 해보세요.

운동 처방   횟수 8~12회   세트 2~3 set

동작설명
- 벽에 폼롤러를 가로로 놓고, 폼롤러가 허리 부분에 닿도록 기대어 선다. 발은 벽에서 약 30 cm 정도 앞에 두고 골반 넓이의 두 배 정도로 벌려서 선다.
- 폼롤러를 따라 허리가 벽을 타고 내려가듯이 천천히 무릎을 굽혀 앉는다.
- 발끝과 무릎이 같은 방향을 향하게 하고, 폼롤러가 허리를 지지해주므로 상체가 앞으로 기울지 않도록 주의한다.

Chapter

5

알아두면
쓸모 있는 정보

걱정마! 임신당뇨병

1

알아두면 쓸모 있는 정보

정아름

1) 운동! 이럴 땐 무조건 멈추세요.

> **운동 중에 운동을 그만해야 하는 상황이 있나요?**

운동 중에 다음과 같은 증상이 나타난다면 바로 운동을 중단해야 합니다. 아기와 나의 안전을 위해 절대 위험 신호를 무시하고 운동을 지속해서는 안됩니다.

- 질 출혈
- 주기적으로 발생하는 자궁수축
- 현기증
- 호흡곤란
- 흉통
- 복부 통증
- 양수 누출
- 종아리 통증 및 부기
- 두통

2) 반드시 알아두세요!

> ☑ **운동할 때 꼭 알아두고 숙지해야 하는 주의사항이 있나요?**

우리는 소중한 아기를 임신한 상태에서 혈당을 조절해야 하는 사람입니다. 따라서 운동 시 주의를 기울여야 하는 요소들이 많아집니다. 운동 관련해서 몇 가지 주의사항을 꼭 숙지하면 안전하게 그리고 효과적으로 운동할 수 있습니다.

(1) 혈당 측정

운동 중 저혈당이 나타나면 중심을 잃고 쓰러지거나 정신이 혼미해질 수 있어서 매우 위험합니다.

운동 전후나 운동량(운동 시간 및 운동 강도)이 평소와 달라질 경우 저혈당 예방을 위해 혈당을 측정합니다. 특히 인슐린을 사용하는 경우 혈당 변화를 세심히 살펴보기 위해 운동 전과 후에 혈당을 측정해야 합니다.

운동 중이나 운동 후에 저혈당 증상(식은땀, 어지러움, 떨림, 배고픔, 불안함 등)이 나타난다면, 바로 혈당을 측정하고 혈당이 70 mg/dL 이하일 경우 다음과 같이 대처하여 안정적 혈당 수준으로 회복해야 합니다.

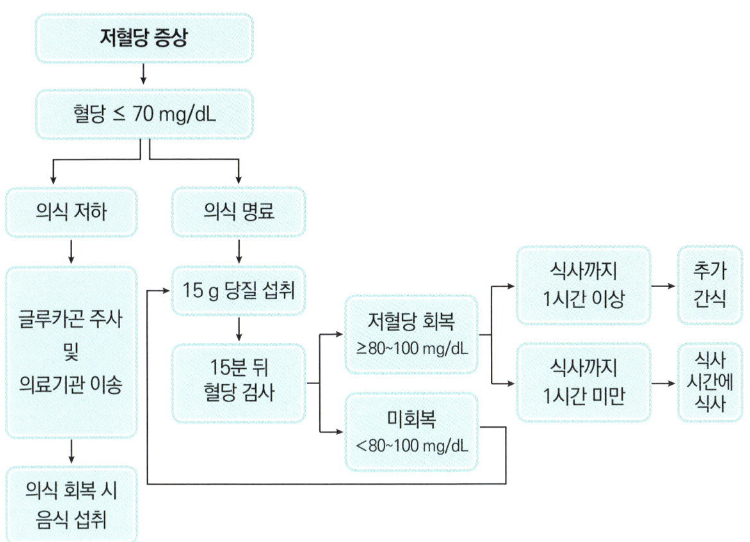

저혈당 증상
혈당 ≤ 70 mg/dL
의식 저하
의식 명료
글루카곤 주사 및 의료기관 이송
15 g 당질 섭취
15분 뒤 혈당 검사
의식 회복 시 음식 섭취
저혈당 회복 ≥80~100 mg/dL
미회복 <80~100 mg/dL
식사까지 1시간 이상
식사까지 1시간 미만
추가 간식
식사 시간에 식사

15~20 g의 탄수화물이 들어있는 음식의 예는 다음과 같습니다.

저혈당 발생 시 어떤 음식을 먹을까요?

꿀 한 숟가락
(15 ml)

요구르트
(약 100 ml
기준 1개)

사탕 3~4개

주스 또는 청량음료
(제로 음료 제외)
3/4컵(175 ml)

한번 꼭 읽어보세요.

- 저혈당이 발생했을 때 의식이 없다면, 억지로 음식을 먹이지 않아야 합니다. 바로 의료기관으로의 이송이 필요합니다.
- 초콜릿은 달콤하지만 지방이 함유되었기 때문에 체내 흡수 속도가 느립니다. 저혈당이 발생했을 때에는 즉각적으로 혈당을 올려 정상 혈당 수준으로 빠르게 회복할 수 있는 음식이 적합합니다.

저혈당 대처 식품 선택 요령

식품의 영양 성분을 반드시 확인하세요. 확인하지 않고 무심코 먹었다간 저혈당이 회복되기 부족한 수준으로 먹게 되거나, 반대로 과하게 탄수화물을 섭취할 수 있어요. 영양 성분을 확인하는 순서를 알려드릴게요.

① 1회 제공량 확인

- 식품 포장 기준 내용물이 얼마나 들어있는지 알 수 있습니다. 1단위 포장(캔, 병, 봉)이나 분량(g, ml) 등이 표시되어 있어요.

② 당류 함량 확인

- 탄수화물 총량과 더불어 당류와 식이섬유에 대한 정보도 제공합니다. 평소라면 당류량이 적고 식이섬유가 많은 식품을 선택해야 하지만, 저혈당에 빠진 경우에는 최대한 빨리 혈당을 정상 상태로 되돌려야 하기 때문에 당류를 확인해서 섭취해야 합니다. 그렇기 때문에 탄수화물의 구성에 있어서 당류가 대부분인 식품이 저혈당 대처 식품으로 적합합니다.

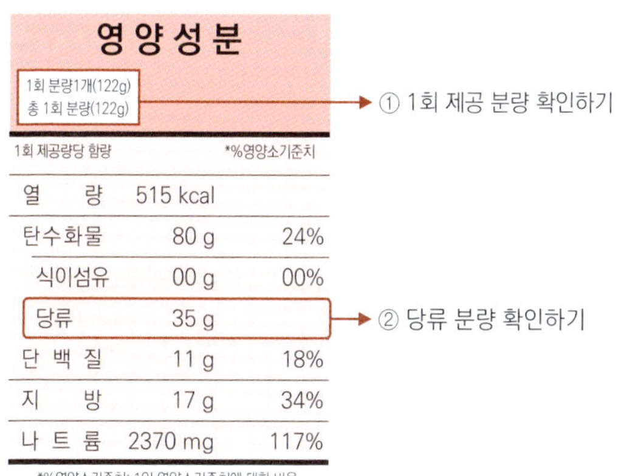

운동 후 저혈당에 빠진 나, 혈당을 측정해보니 62 mg/dL! 저혈당 회복을 위해 주위를 둘러보니 콜라가 있다. 콜라를 얼마나 마셔야 할까?

1회 제공량을 보니 1캔 기준으로 영양정보가 제공되고 있네요.
이 콜라 1캔의 당류는 39 g이고요. 저혈당이 회복되기 위해서는 15~20 g의 단순당 즉, 당류를 먹어야 하니까 나는 이 콜라 1캔의 절반을 마시면 되겠네요.

정답 1/2캔입니다.

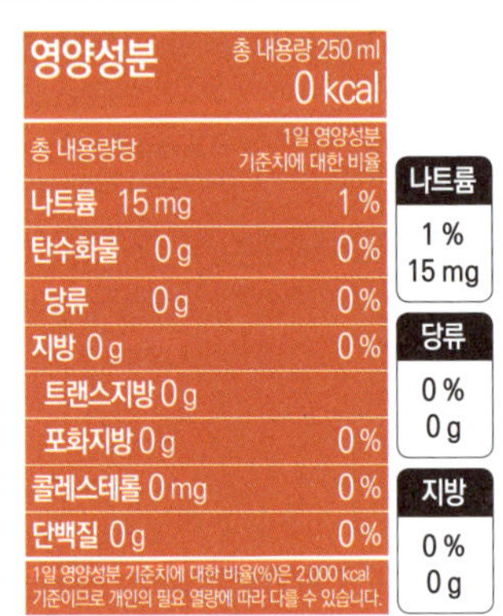

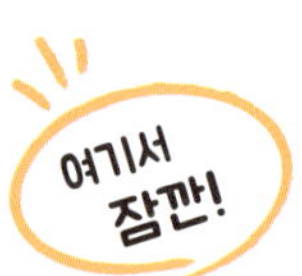

같은 콜라라도 제로콜라는 **당류가 0 g**이기 때문에 저혈당 회복에 전혀 도움되지 않아요! **당류량 확인 잊지마세요.**

(2) 인슐린 투여

인슐린을 투여하고 있다면, 인슐린을 맞고 나서 그 부위를 사용하는 운동은 1시간 동안은 피해야 합니다. 인슐린 맞은 부위로 바로 운동한다면 인슐린이 빠르게 흡수되어 인슐린이 해야 하는 역할을 못하게 됩니다. 즉, 인슐린을 복부에 맞고 1시간 이내 운동을 해야 한다면, 상체를 사용하는 운동보다는 하체만 사용하는 운동을 하는 것이 권장됩니다.

또한 인슐린의 혈당 감소 효과가 최대치에 달하는 시점에 운동한다면 저혈당이 발생할 수 있습니다. 인슐린을 투여 중이라면, 내분비내과 의사와의 상담을 통해 어느 시점에 운동하면 안전할지 확인해보세요.

3) 혈당/운동 관리를 위한 디지털헬스케어

(1) 연속혈당측정 기기

운동 전/중/후에 통증 없이 실시간으로 혈당을 모니터링할 수 있는 방법으로 연속혈당측정기를 활용할 수 있습니다. 연속혈당측정기는 24시간 동안 약 10~14일간 연속적으로 혈당을 측정할 수 있는 기기입니다. 운동 시 이를 활용하면 운동량에 따라 혈당이 어떻게 변화하는지, 혈당이 갑자기 과도하게 낮아지지는 않는지, 그리고 운동하기에 적절한 혈당 수준인지 등을 효과적으로 모니터링할 수 있습니다.

그림 5-1. **애보트의 프리스타일 리브레**
〈출처: 애보트 홈페이지〉

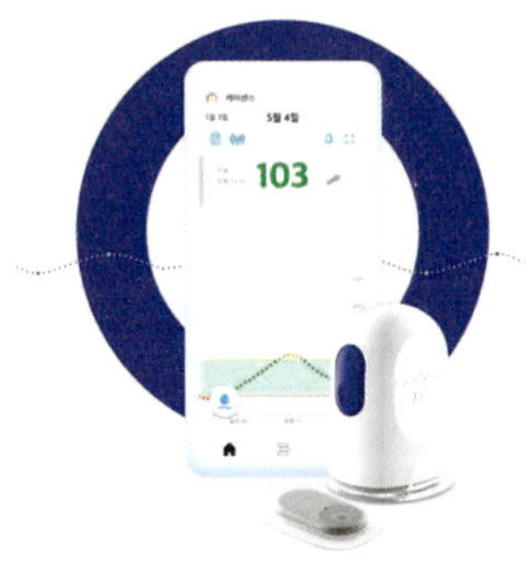

그림 5-2. **아이센스의 케어센스에어**
〈출처: 아이센스 홈페이지〉

(2) 운동량, 심박수 확인

스마트 워치나 스마트폰의 활동량 앱을 활용하면 쉽게 어떤 운동 강도로 얼마큼 운동했는지 확인이 가능하고, 이러한 정보를 바로 저장해서 나의 운동 이력을 누적 관리하고 쉽게 모니터링할 수 있어요.

그림 5-3. 스마트 워치의 운동 관련 기능들

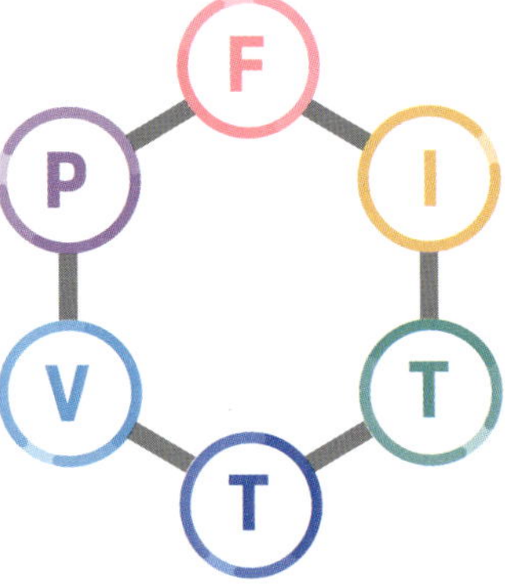

일주일에 최소 150분, 중강도 유산소 운동 식후 30분~1시간 사이에 운동 시작 주 2~3회 저/중강도 근력 운동도 병행		
앞으로 무릎들기 (knee up)	와이드 스쿼트 (wide squat)	뒤로 무릎접기 (standing leg curl)
다리넓혀 몸통 열기 (seated goddess pose)	힙 스트레칭 (seated piriformis stretch)	다리 넓혀 몸통 회전하기 (seated goddess pose with twist)
옆으로 누워 몸통 회전하기 (side lying thoracic rotation)	옆으로 누워 골반 회전하기 (side lying hip circles)	엎드려 상체 늘리기 (puppy pose)

2

출산 후 나는 어떻게 해야 하나요?

정아름

> ☑ 출산 후에도 임신당뇨병을 관리해야 하나요?
> 출산 후 건강관리를 위한 방법은 무엇인가요?

① 출산 후 임신당뇨병

임신당뇨병인 임신부는 출산 후 대부분 혈당이 정상으로 돌아옵니다. 하지만 시간이 지나면서 2형 당뇨병이 발병할 위험이 높아져 주의가 필요합니다. 출산 후 당뇨병 발생을 예방하기 위해서는 규칙적으로 운동하고 건강한 식습관을 실천하여 적정 체중을 유지해야 합니다. 혈액 검사를 통해 당뇨병 전단계 혹은 당뇨병을 조기 발견하는 것이 중요하므로 의료기관에서 정기적으로 검진을 받아야 합니다.

② 출산 후 건강관리를 위한 운동방법

출산 후 운동을 시작하는 시점은 분만방법이 자연분만인가 제왕절개인가에 따라 달라질 수 있습니다. 산과 전문의와의 상담을 통해 운동을 시작하면 됩니다. 골반바닥근육 운동(케겔 운동)은 분만 직후부터 시작할 수 있습니다.

일반적으로 출산 후 운동방법은 임신 전 운동과 다를 바가 없습니다. 중강도 유산소 운동을 최소 일주일에 150분 이상 실천하는 것을 권고합니다. 이와 함께 주 2~3회 근력 운동을 병행하는 것이 바람직합니다. 출산 후 규칙적인 운동은 체중 관리, 체력 회복뿐만 아니라 산후우울증 예방 및 관리에 도움되는 것으로 알려져 있습니다.

References

1. 김민정, 이상교, 이정아, 이필량, 박혜순. 한국인 산모에서 임신성 당뇨병과 관련된 위험 요인. J Obes Metab Syndr 2013;22:85-93.
2. 대한당뇨병학회. 2025 당뇨병 진료지침 제9판. 서울: 서울메드쿠스; 2025.
3. 질병관리청 국가건강정보포털. 임신당뇨병. Available from: https://health.kdca.go.kr/healthinfo/biz/health/gnrlzHealthInfo/gnrlzHealthInfo/gnrlzHealthInfoView.do. Accessed December 22, 2024.
4. 최미진. 임신성 당뇨병을 진단받은 여성의 산후 2형 당뇨병 발생 위험요인. 서울대학교 대학원; 2019.
5. American College of Obstetricians and Gynecologists. Physical Activity and Exercise During Pregnancy and the Postpartum Period: ACOG Committee Opinion, Number 804. Obstet Gynecol 2020;135:e178-88. doi:10.1097/aog.0000000000003772.
6. American Diabetes Association. 15. Management of Diabetes in Pregnancy: Standards of Care in Diabetes-2024. Diabetes Care 2024;47:S282-94.
7. Bellamy L, Casas JP, Hingorani AD, Williams D. Type 2 diabetes mellitus after gestational diabetes: a systematic review and meta-analysis. Lancet 2009;373:1773-9. doi:10.1016/S0140-6736(09)60731-5.
8. Catalano PM, Shankar K. Obesity and pregnancy: mechanisms of short term and long term adverse consequences for mother and child. BMJ 2017;356:j1.
9. Homko C, Sivan E, Chen X, Reece EA, Boden G. Insulin secretion during and after pregnancy in patients with gestational diabetes mellitus. J Clin Endocrinol Metab 2001;86:568-73. doi:10.1210/jcem.86.2.7137.
10. https://www.msdmanuals.com/home/women-s-health-issues/pregnancy-complicated-by-disease/diabetes-during-pregnancy2023.
11. Hyperglycemia and Adverse Pregnancy Outcome (HAPO) Study: associations with neonatal anthropometrics. Diabetes 2009;58:453-9.
12. kim sy. Self-Blood Glucose Management of Diabetes in Pregnancy. J Korean Diabetes 2019;20:239-43.
13. Kuhl C. Etiology and pathogenesis of gestational diabetes. Diabetes Care 1998;21 Suppl 2:B19-26.
14. McMurray RG, Mottola MF, Wolfe LA, Artal R, Millar L, Pivarnik JM. Recent advances in understanding maternal and fetal responses to exercise. Med Sci Sports Exerc 1993;25:1305-21.
15. Metzger BE, Lowe LP, Dyer AR, et al. Hyperglycemia and adverse pregnancy outcomes. N Engl J Med 2008;358:1991-2002.
16. Mottola MF, Davenport MH, Ruchat SM, Davies GA, Poitras VJ, Gray CE, Jaramillo Garcia A, Barrowman N, Adamo KB, Duggan M, et al. 2019 Canadian guideline for physical activity throughout pregnancy. Br J Sports Med 2018;52:1339-46.
17. Page KA, Romero A, Buchanan TA, Xiang AH. Gestational Diabetes Mellitus, Maternal Obesity, and Adiposity in Offspring. J Pediatr-Us 2014;164:807-10. doi:10.1016/j.jpeds.2013.11.063.
18. Wolfe LA, Ohtake PJ, Mottola MF, McGrath MJ. Physiological interactions between pregnancy and aerobic exercise. Exerc Sport Sci Rev 1989;17:295-351.

운동박사들의 이야기

정 아 름
임신당뇨병 환자의 운동 교육 및 상담을 담당했던
건강운동관리사이자 운동생리학 전공 이학박사

임신당뇨병 환자의 아기였던 제 딸 아인이는 무사히 태어났으며, 지금까지도
잔병치레 없이 건강하게 그리고 쑥쑥 성장하고 있습니다. 저와 제 딸의 이야
기가 지금 이 순간에도 내 자신의 건강보다 아기의 건강을 더 걱정하고, 이런
엄마여서 미안하다고 자책하고 있을 엄마들에게 격려로 전해졌으면 합니다.
제가 먼저 경험해봤더니 금세 지나가더라고, 곧 건강한 아기를 만날 수 있을
거라고. 그리고 절대로 엄마의 잘못으로 일어난 '불행'이 아니라 엄마와 아기
가 더 건강해지는 '기회'라고! 이 책이 임신당뇨병으로 걱정하고 있는 엄마들
에게 '올바르고 효과적으로 운동할 수 있게 돕는 나침반'이 될 수 있길 기대
합니다.

윤 소 미
20년 동안 운동과학 현장 및 임상연구 경험을 바탕으로 안전하고 효과적인
운동법을 제시하는 운동생리학 전공 이학박사

저는 29살, 33살에 두 아이를 출산했습니다. 꾸준한 운동과 식단관리를 해
온 터라 누구보다 건강하다고 자부하였는데, 그런 저도 임신을 하니 신체적·
정신적으로 너무 힘들어 제 몸 하나 챙기기 힘들었습니다. 건강한 사람도 임신
중에 힘든데 임신당뇨병 진단을 받은 엄마들은 얼마나 더 힘들까요. 15년이
훌쩍 지난 지금, 건강하게 성장하는 대성, 민준이를 보며 감사함을 느끼고
'내가 무엇을 할 수 있을까?' 고민하다 이 책을 출판하게 되었습니다. 임신을
경험하고 있는 당신과 뱃속에서 세상을 맞이할 준비를 하고 있는 아기들 모
두 소중한 존재입니다. 이제는 예비 엄마들이 임신당뇨병을 무사히 잘 이겨
내고, 지난 시간들이 더 소중할 수 있도록 보탬이 되고 싶습니다. 모든 엄마
들을 응원합니다.

서 용 석

미국 질병통제예방센터(CDC) 산하 National Institute for Occupational Safety and Health(NIOSH)에서 연구원으로 활동하며 인체의 대사 조절과 건강 위험 요인을 연구한 운동생리학 박사

임신당뇨병이라는 진단이 처음에는 막막하고 부담스럽게 느껴질 수 있지만, 작은 실천과 꾸준한 관리가 생각보다 큰 변화를 만들어낼 수 있습니다. 무엇보다 중요한 것은 아이와 함께할 행복한 미래를 떠올리며 한 걸음씩 나아가는 용기입니다.

이 책이 여러분의 건강한 임신과 출산 여정에 든든한 동반자가 되기를 진심으로 바랍니다. 우리 가족에게 기쁨과 행복을 안겨준 원재처럼, 여러분도 곧 소중한 아이와 함께할 그 감동적인 순간을 맞이하시기를 진심으로 응원합니다.

김 진 원

물리치료사이자 스포츠재활전문가로 서울재활병원과 재활운동센터 운영 등, 20년간 임상 경험을 쌓은 운동재활전문가이며 체육학 박사과정을 수료

지금은 걱정과 두려움으로 가득 차고, 끝을 알 수 없는 캄캄한 터널에 들어온 것처럼 느껴지실 겁니다. 흔히 하는 말이지만, '이 또한 지나가리라'는 말을 전하고 싶습니다. 이 책에서 제시한 가이드를 따라 조금씩 일상과 운동을 실천해 나가신다면, 두려움만 가득했던 긴 터널도 무사히 잘 이겨낼 수 있을 것입니다. 낯설고 힘든 순간을 이겨낸 아내와 제 아들 이안이처럼 말이죠. 이 책의 모든 글귀가 당신에게 작은 희망이 되기를 바랍니다.